抽水蓄能电站生产准备员工系列培训教材

机械设备运检

国网新源集团有限公司　组编

中国电力出版社
CHINA ELECTRIC POWER PRESS

内 容 提 要

为促进抽水蓄能领域人才培养，满足当前抽水蓄能事业快速发展的需要，国网新源集团有限公司组织编写了《抽水蓄能电站生产准备员工系列培训教材》丛书，共 7 个分册，填补了同类培训教材的市场空白。

本书是《机械设备运检》分册，共 4 章，主要内容包括：发电电动机运检、水泵水轮机运检、调速器系统运检和主进水阀运检。

本书适合抽水蓄能电站生产准备员工阅读，同时也可供相关科研技术人员和大专院校师生参考使用。

图书在版编目（CIP）数据

抽水蓄能电站生产准备员工系列培训教材. 机械设备运检 / 国网新源集团有限公司组编.
北京：中国电力出版社，2025. 6. -- ISBN 978-7-5198-9767-3

Ⅰ. TV743

中国国家版本馆 CIP 数据核字第 2025AS9739 号

出版发行：中国电力出版社
地　　址：北京市东城区北京站西街 19 号（邮政编码 100005）
网　　址：http://www.cepp.sgcc.com.cn
责任编辑：孙建英（010-63412369）　贾丹丹
责任校对：黄　蓓　王小鹏
装帧设计：张俊霞
责任印制：吴　迪

印　　刷：三河市航远印刷有限公司
版　　次：2025 年 6 月第一版
印　　次：2025 年 6 月北京第一次印刷
开　　本：787 毫米 ×1092 毫米　16 开本
印　　张：9.75
字　　数：236 千字
定　　价：60.00 元

抽水蓄能电站生产准备员工系列培训教材
机械设备运检

编 写 人 员
（按姓氏笔画排序）

于　辉	万晶宇	马　飞	王丁一	王宁宁	王亚龙
王志祥	王春明	王海龙	王　斌	尹广斌	尹胜军
叶　林	付朝霞	朱东国	刘争臻	闫艺菱	李　利
李奎生	李思原	李逸凡	李　博	吴同茂	吴军锋
何张进	宋旭峰	宋湘辉	张永会	张　雷	陈　珏
郁小彬	郑易成	郑　凯	赵宏图	胡　坤	查茂源
俞天豪	施斌峰	姜　丰	姜泽界	娄　斗	耿沛尧
莫亚波	贾瑞卿	夏斌强	顾希明	钱中伟	唐文利
黄　麦	黄锦辉	董传奇	覃海龙	喻鹤之	程　晨
曾　辉	楼荣武	蔡元飞	谭　信		

机械设备运检

　　察势者智，驭势者赢。推进中国式现代化是新时代最大政治，高质量发展是全面建设社会主义现代化国家首要任务。能源电力是以高质量发展全面推进中国式现代化战略工程、先导任务、坚实支撑。大力发展抽水蓄能，是推动能源电力行业转型发展，实现"双碳"目标，全面支撑中国式现代化重要着力点。党的二十届三中全会，对健全绿色低碳发展机制、加快规划建设新型能源体系作出重要部署。《中共中央　国务院关于加快经济社会发展全面绿色转型的意见》明确提出，科学布局抽水蓄能、新型储能、光热发电，提升电力系统安全运行、综合调节能力。国家电网有限公司站在当好新型电力系统建设主力军战略高度，出台加快推进抽水蓄能（水电）高质量发展重点措施，推动能源电力绿色低碳转型，更好支撑、服务中国式现代化。

　　作为抽水蓄能行业主力军、专业排头兵，国网新源集团有限公司以服务电网安全稳定高效运行为基本使命，坚持以国家电网有限公司战略为统领，大力推进集团化、集约化、专业化、平台化建设，增强核心功能，提高核心竞争力，努力建设成为国内领先、世界一流的绿色调节电源服务运营商，注重发展和安全、改革和稳定"两个统筹"，强化市场意识、经营意识、竞争意识、效率意识，引导规划政策、价格政策、开发管理政策，健全生产运维体系、建设管理体系、技术管理体系、经营管理体系，不断强化基层、基础、基本功，全面加强技术监督体系、同业对标体系建设，在推进抽水蓄能高质量发展中走在前作表率，为国家电网高质量发展作出积极贡献。

　　千秋基业，人才为本。生产技能人员是抽水蓄能人才队伍基础力量。近年来，国网新源集团有限公司坚持人才引领发展战略地位，大力实施电力工匠塑造工程，构建以"为人才成长助力、为业务发展赋能"为使命的"四全"人才培养体系，健全培训全要素，完善培训全流程，覆盖职业全周期，支撑集团全专业，不断提升生产技能人员培养系统性、实效性，为抽水蓄能发展提供了有力技能支撑、人才保障。

　　围绕决胜"十四五"，布局"十五五"，国网新源集团有限公司纵深推进新时代人才强企战略，拓宽人才发展通道，构建"领导职务、职员职级、科研、技能"四通道并行互通的人才发展体系，构建思想引领有力、服务发展有为、赋能增智有方、支撑保障有效的教育培训新格局，加大生产技能人员培养使用力度，更好发挥生产技能人员专业支撑、技艺革新、经验传承作用。

作为生产技能人员队伍重要组成部分，抽水蓄能电站生产准备员工核心专业知识、核心专业技能水平，事关抽水蓄能电站高质量发展，事关《抽水蓄能中长期发展规划（2021～2035年）》落地见效。为加快建设知识型、技能型、创新型抽水蓄能电站生产准备员工，更好传承核心专业知识、核心专业技能，国网新源集团有限公司组织华东天荒坪抽水蓄能有限责任公司、浙江仙居抽水蓄能有限公司、华东宜兴抽水蓄能有限公司等15家单位，150余名具有丰富教育培训、生产技能经验专家，历时3年，编写《抽水蓄能电站生产准备员工系列培训教材》。

本套教材共7个分册，全景式介绍抽水蓄能电站生产准备基本知识、基本技能，以及电站运维管理、电气一次设备运检、机械设备运检、电气二次设备运检、水工建筑物及辅机设备运检知识和技能。本套教材遵循科学性、实用性、通用性、特色性原则，创新基础理论、实操技能、典型案例的三元融合模式，努力打造抽水蓄能电站生产准备员工"工具书"，填补同类培训教材市场"空白"。

本套教材主要使用对象是抽水蓄能电站生产准备员工，以及抽水蓄能行业科研技术人员、大专院校师生。通过研读本套教材，有助于快速提升抽水蓄能电站生产准备员工核心专业知识、核心专业技能，加快补齐知识短板、夯实技能底板、锻造特色长板，为抽水蓄能行业高质量发展贡献国网新源力量，为全面推进中国式现代化作出新的更大贡献。

机械设备运检

前 言

在全球能源格局加速调整、绿色低碳发展成为时代主题的当下，抽水蓄能作为构建新型电力系统的关键支撑，其重要性愈发凸显。国家能源局发布的《抽水蓄能中长期发展规划（2021～2035 年）》中明确指出，要加快抽水蓄能电站核准建设，到 2030 年，抽水蓄能投产总规模较"十四五"再翻一番，达到 1.2 亿 kW 左右。加快推进抽水蓄能事业发展，离不开一支高素质的生产准备员工队伍。

为加快抽水蓄能生产准备员工队伍建设，提高生产准备员工培训的系统性、针对性和时效性，促进抽水蓄能电站高质量发展，国网新源集团有限公司组织集团范围内具有丰富培训教学和管理经验的专家编写了本套教材。

本套教材共 7 个分册，全面阐述了生产准备员工应具备的基本知识、基本技能、各设备运维技能和管理技能。内容遵循科学性、实用性、通用性、特色性的原则，解读相关工作原理与工作要求，介绍相关典型案例，集理论与实践一体，体现了教育培训"工具书"的特点，做到了培训知识和培训实践有机结合。

本套教材编写工作于 2022 年 10 月启动，经过多次编审，不断完善改进，形成终稿。参与编写工作的人员来自国网新源集团有限公司、国网新源集团有限公司丰满培训中心、山东泰山抽水蓄能有限公司、华东桐柏抽水蓄能发电有限责任公司、华东天荒坪抽水蓄能有限责任公司、浙江仙居抽水蓄能有限公司、华东宜兴抽水蓄能有限公司、华东琅琊山抽水蓄能有限责任公司、安徽响水涧抽水蓄能有限公司、福建仙游抽水蓄能有限公司、河南宝泉抽水蓄能有限公司、湖南黑麋峰抽水蓄能有限公司、辽宁蒲石河抽水蓄能有限公司等 15 家单位，共 150 余人。

鉴于经验水平和编制时间有限，本套教材难免存在疏漏之处，恳请各位专家和读者提出宝贵意见，使之不断完善。

《抽水蓄能电站生产准备员工系列培训教材》编委会

2025 年 1 月

目　录

第一章 发电电动机运检

本章概述

发电电动机是抽水蓄能电站实现电能和机械能相互转化的核心设备，因其在发电工况时作发电机使用，在抽水工况时作电动机使用，故称发电–电动机（简称发电电动机）。本章主要介绍发电电动机概述、发电电动机运行、发电电动机检修三部分内容。

学习目标

	学习目标
知识目标	1. 能记住发电电动机的术语定义。 2. 能简述发电电动机的形式、各自优缺点。 3. 能简述发电电动机各组成部分的作用。 4. 能够正确理解发电电动机各部分保护逻辑。 5. 学习并掌握发电电动机各系统电气控制作用及必要性。 6. 学习并掌握发电电动机巡检的目的、作用及必要性。 7. 学习并掌握发电电动机操作基本原理及相关操作规范。 8. 了解发电电动机装配流程图，并简述其装配流程。 9. 能简述发电电动机日常维护及检修项目、周期、标准 / 规范要求。 10. 能简述发电电动机主要试验检测项目和周期要求。 11. 能读懂发电电动机典型案例分析报告，并清楚处理方法。
技能目标	1. 能够正确执行发电电动机的巡视检查。 2. 能够正确掌握发电电动机本体操作流程规范，并进行操作。 3. 能掌握发电电动机装配流程，编制相关检修作业指导书。 4. 能记住发电电动机设备点检、定检等日常维护内容，并能完成相应工作。

第一节 发电电动机概述

本节主要介绍发电电动机的术语定义及设备铭牌、结构形式和分类、主要组成部分和作用，包含按定子、转子、轴承、机架、制动系统、高压油顶起系统、冷却系统、机组监测系统和消防系统等内容。

一、发电电动机术语定义

（一）术语定义

1. 额定容量

额定容量有额定视在功率 S_N、额定有功功率 P_N 与额定无功功率 Q_N 之分。

（1）额定视在功率 S_N 指发电电动机出线端输出的视在功率，以 kVA 或 MVA 为单位。

（2）额定有功功率 P_N 指发电电动机输出的有功功率，以 kW 或 MW 为单位。

（3）额定无功功率 Q_N 指机组调相时发电电动机出线端输出的无功功率，以 kvar 或 Mvar 为单位。

2. 额定电压 U_N

额定电压 U_N 指在额定工况运行时的发电电动机定子的线电压，单位为 V 或 kV。

额定电压是涉及发电电动机技术经济指标的重要参数，同时与电机出口断路器、升压变压器以及封闭母线等设备的经济条件有密切关系。根据相关国家标准，发电电动机可选用的电压等级有 6.3、10.5、13.8、15.75、18、20kV 等。一般来说，发电电动机容量越大，其额定电压也相应越高，这样才能减少铜材的使用量，提高材料利用率，保证经济性在合适范围内。实际运行过程中，发电电动机端电压会与额定电压有一定偏差，一般的允许变化值为 ±5%，部分发电电动机提高到 ±7.5%。

3. 额定电流 I_N

额定电流 I_N 指在额定工况运行时的发电电动机定子的线电流，单位为 A。

4. 额定功率因数 $\cos\varphi_N$

额定功率因数 $\cos\varphi_N$ 为额定有功功率与额定视在功率的比值，即 $\cos\varphi_N = P_N / S_N$。

对于三相交流发电电动机 P_N、S_N、$\cos\varphi_N$、U_N、I_N 有如下关系：

$$P_N = S_N \cos\varphi_N = \sqrt{3} U_N I_N \cos\varphi_N$$

5. 额定转速 n_N

额定转速 n_N 是发电电动机为了维持交流电的频率为 50Hz 时所需要的转速，$n = 60f/p$（f 为频率，为 50Hz；p 为磁极对数），单位为转/分（r/min）。发电电动机的额定转速根据机组的运行条件、工作水头及水头变幅、稳定性和经济性等因素确定。为满足发电电动机设计制造的可行性和合理性要求，包括额定电压、绕组支路数、槽电流的合理匹配，绕组的接线方式、性能参数要求及通风冷却等方面的合理性，应对几种可能采用的转速进行综合分析论证后确定。

发电电动机的额定转速优先在下列转速中选择：1500、1000、750、600、500、428.6、375、333.3、300、250、214.3、200、187.5、166.7、150、142.9、136.4、125r/min。

6. 额定效率 η_N

额定效率 η_N 指发电电动机在额定工况运行时的效率，即发电电动机输出功率与输入功率的比值。

7. 电抗

发电电动机有纵轴同步电抗 X_d、纵轴瞬变电抗 X'_d 和纵轴超瞬变电抗 X''_d 三个主要电抗，常用标幺值表示。

8. 短路比

短路比指发电电动机在空载时维持空载电动势为额定值的励磁电流与在短路时维持短路电流为额定值的励磁电流之比。短路比大可以提高同步电机在电力系统中运行的静态稳定性，但是转子用铜量会增加，发电电动机造价提高。一般来说常规水电站都距离负荷中心较远，为了增加输电的静态稳定性，常规水电机组均采用比较高的短路比，一般为 1.0～1.2，而抽水蓄能电站在站址选择上比常规水电站灵活得多，且多位于距离负荷中心不远的地方，为了提高发电电动机的经济性，常选择较小的短路比，一般为 0.9～1.0。增大短路比可提高发电电动机在系统运行中的静态稳定性，但也会增加造价。

9. 飞轮力矩（GD^2）

飞轮力矩又称转动惯量，发电电动机飞轮力矩是转动部分质量（G）与其惯性直径（D）二次方的乘积，用 GD^2 表示，单位为 $t \cdot m^2$。飞轮力矩是表明电力系统出现大扰动时，发电电动机转动部分仍能保持原有运动状态的能力，直接影响机组在甩负荷时转速的上升率和系统负荷突变时发电电动机运行的稳定性。一般来说，飞轮力矩大，机组甩负荷后的转速上升率低一些，就允许较大的压力上升率，从而减小引水钢管直径或允许增加钢管长度，甚至不设调压井。但增加发电电动机的飞轮力矩，将会增加机组的重量和造价，同时机组启动时间也会增加。

10. 额定温升

额定温升指运行中发电电动机定子绕组和转子绕组允许比环境温度升高的度数。中国规定环境温度以 40℃ 计算。

11. 飞逸转速

飞逸转速是指当机组在最高水头下运行而突然甩负荷，如水泵水轮机的调速系统及其他保护装置失灵，导水机构发生故障致使导叶开度在最大位置，在此工况下机组可能达到的最高转速。飞逸转速与水泵水轮机的转轮型式和最高水头等有关，它直接影响机组转动部件的刚强度，尤其磁轭、磁极的强度问题最为突出。

12. 进相运行

机组运行欠励时，励磁电动势减小，输出的有功功率不变，功率角 δ 向 90° 方向增大，电流超前电压，发电机的静态稳定性下降，同时发电机向电网输出容性无功功率，无功功率为负值，电枢电流加入了纯容性无功电流而变大，功率因数角为负值。

13. 滞相运行

机组运行过励时，励磁电动势增大，输出的有功功率不变，功率角 δ 减小，电流滞后电压，增强了静态稳定能力，同时发电机输出感性无功功率，无功功率为正值，电枢电流增加了纯感性无功电流而变大，功率因数角为正值。

14. 绝缘等级

绝缘等级是按照绝缘材料允许的极限温度，也就是绝缘材料的耐热等级来进行划分的，可分为 Y、A、E、B、F、H、C 七个等级。所谓允许极限温度是指绝缘材料允许的最高工作温度。当温度超过绝缘材料所规定的温度后，会加速绝缘材料的老化，缩短电机使用寿命。

不同绝缘等级的绝缘材料耐热性能有所区别，使得电气设备的耐受高温能力不同。因此一般电气设备都规定了其工作的最高温度。

（二）铭牌

铭牌标明了同步发电电动机在正常运行时主要参数的额定数值，主要包括额定容量 S_N 或 P_N、额定电压 U_N、额定电流 I_N、额定功率因数 $\cos\varphi_N$、额定效率 η_N 等。有时铭牌上还标出其余的额定数值，如额定频率 f_N（Hz）、额定转速 n_N、旋转方向、额定励磁电流 I_{fN}（A）、额定励磁电压 U_{fN}（V）等。

二、发电电动机形式

（一）按轴线分类

轴线铅垂的是立式发电电动机，主要应用于低中速的大、中型机组；轴线水平的是卧式发电电动机，主要用于贯流式机组。大、中型抽水蓄能电站的发电电动机通常采用立式结构。

（二）按推力轴承位置分类

立式机组都装有一个推力轴承，用来承担机组转动部分的重量和水轮机的轴向水推力，并把这些力传递给荷重机架。

根据推力轴承的位置（见图 1-1-1），立式发电电动机可分为悬式发电电动机和伞式发电电动机。

1. 悬式发电电动机

推力轴承位于上机架内，整个转动部分由推力轴承支撑，为顶部悬挂形式，因而称为悬式结构（见图 1-1-2）。图 1-1-1（a）～图 1-1-1（c）为悬式发电电动机。高转速机组多采用悬式结构，其优点是径向机械稳定性较好，轴承损耗较小，机组效率高；缺点是轴系长度和机组高度增加，使电站地下厂房高度及开挖量增大，且需要加强上机架和定子机座结构，使机组重量和造价有所增加。

2. 伞式发电电动机

推力轴承位于发电电动机转子下方，整个转动部分的支撑形式像一把伞一样，因而称为伞式结构（见图 1-1-3）。推力轴承布置在下机架上，与下导轴承形成一个系统。机组整个转动部分重量由下机架承重，同时在机组上部设有一个导轴承，增加机组稳定性。

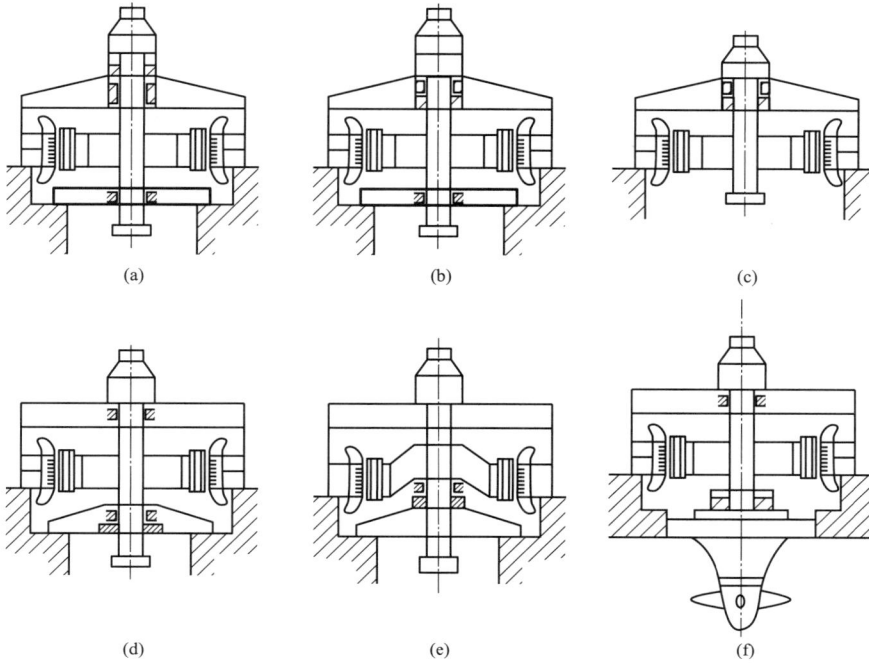

图 1-1-1　发电电动机类型

（a）具有两个导轴承，推力轴承在上导轴承上面；（b）具有两个导轴承，推力轴承在上导轴承下面；
（c）无下导轴承；（d）普通伞式发电电动机；（e）全伞式发电电动机；（f）半伞式发电电动机

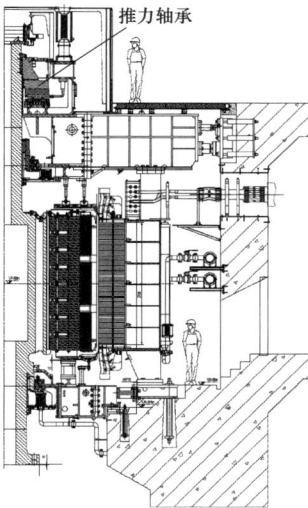

图 1-1-2　悬式发电电动机

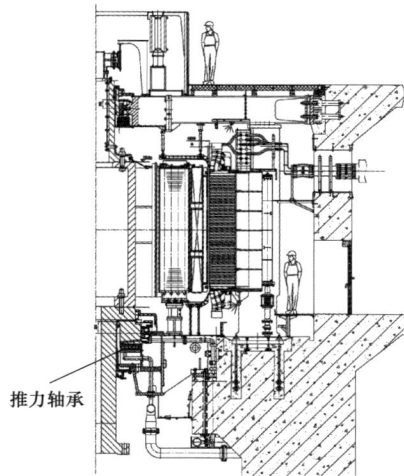

图 1-1-3　伞式发电电动机

　　伞式机组适用于转速低于 150r/min 的机组。伞式机组的优点为轴系较短，机组总高度可降低，从而降低厂房总度且发电机整体重量较轻；缺点是检修作业空间小，检修维护不大方便，推力轴承损耗大，机组效率稍低。

　　这种结构的发电电动机又分为普通伞式、半伞式和全伞式三种。

（三）按冷却方式分类

按冷却方式分类又可分为空气冷却和水冷却两大类，具体有开敞式通风冷却方式、管道式通风冷却方式、密闭式循环通风冷却方式和大容量发电电动机冷却方式。

1. 开敞式通风冷却方式

额定功率 1000kVA 及以下的发电电动机，常在定子机座上开窗口，转子装设风扇。发电电动机运行时风扇使空气沿轴线流入发电电动机，冷却转子、定子，再从窗口流出。

2. 管道式通风冷却方式

额定功率 1000～4000kVA 的发电电动机，常在发电电动机定子外围装设通向厂房外的风道。机组运行时转子上的风扇和风道口的通风机使空气穿过转子、定子，再由风道排出。空气的流通就像沿着管道单方向流入和流出。

3. 密闭式循环通风冷却方式

额定功率大于 4000kVA 的发电电动机，常使发电电动机密闭起来，转子上的风扇使空气在闭合空间内循环流动，在发电电动机定子外围装设若干个用水冷却的空气冷却器，从而控制发电电动机的工作温度。

4. 大容量发电电动机冷却方式

对于容量很大的发电电动机，还可采用绕组水内冷甚至双水内冷的冷却方式。

抽水蓄能电站的发电电动机通常采用密闭式循环通风冷却方式。

三、发电电动机结构及作用

抽水蓄能电站发电电动机主要组成部分和常规水轮发电机相近，一般由定子、转子、轴承、机架、制动系统和冷却系统等组成。在运行过程中，发电电动机的转动部分和固定部分所承受的电磁力、机械力和温度应力都比较大，所以在结构设计上要比同容量的水轮发电机具有更高的强度。

（一）定子

定子是发电电动机产生电磁感应、进行机械能与电能转换的主要部件。定子主要由机座、铁芯、绕组、端箍、铜环引线、基础板及基础螺栓组成。

定子机座是发电电动机定子的主要结构部件，主要功能是固定定子铁芯。机座一般采用钢板焊接结构。定子机座的结构应能承受定子绕组短路时产生的切向力和半数磁极短路时产生的单边磁拉力，同时还要能承受各种运行工况下的热膨胀力，以及额定工况时产生的切向力和定子铁芯通过定位筋传来的 100Hz 交变电磁力。分瓣机座还要能承受贮存、运输及安装过程中的应力，不产生有害变形。立式机座还应具备支撑上机架及其他构件的能力。

定子铁芯是定子的重要部件，也是发电电动机磁路的主要组成部分。定子铁芯由扇形片、通风槽片、定位筋、上下齿压板、拉紧螺栓及托板等零件组成。定子铁芯是用硅钢片冲成扇形片叠装于定位筋上，定位筋通过托板焊于机座环板上，并通过上、下齿压板用拉紧螺栓将铁芯压紧成整体而成。铁芯也是固定绕组部件，发电机运行时，铁芯将受到机械力、热应力及电磁力的综合作用。

定子绕组是构成发电电动机的主要部件，属于发电电动机的导电元件，也是发电机产生电磁作用必不可少的零件。绕组绝缘采用 F 级绝缘并用真空加压浸渍的方法，使绝缘和线棒成为无空隙的严密而均匀的整体。绝缘经加热能产生适量的弹性，使线圈具有无损伤地放入线槽或取出的性能。线棒为热压成型，并具有互换性。绕组的端部、槽部、槽口和连接线被牢固地支撑和固定着，使之在频繁起动和各种工况下以及非正常运行时不产生振动、位移和变形。绕组所有的接头和连接采用了银－铜焊接工艺，端部绝缘采用环氧浇注。定子槽楔及垫条的绝缘等级均为 F 级。

发电电动机主引出线有三个引出端，在风洞内有可拆卸的连接装置，以便将引出线和外部连接断开供试验等用。中性点引出线通常采用变压器－电阻接地方式，此方式可改变接地电流的相位，加速泄放回路中的残余电荷，促使接地电弧自熄，从而降低弧光间隙接地过电压，同时可提供足够的电流和零序电压，使接地保护可靠动作。

（二）转子

发电电动机转子是形成磁场的关键部件，一般也是电站起吊重量最大的部件，由中心体、磁轭和磁极等组成。转子采用浮动式转子结构，主要通过磁轭键的研磨来完成，在机组运行过程中，随着温度、离心力变化，转子磁轭与转子支臂可做相对径向浮动。

中心体承受机组转动部分的质量和水推力产生的拉应力、转矩产生的剪应力和单边磁拉力引起的弯曲应力。

转子磁轭是发电电动机磁路的组成部分，也是固定磁极的结构部件。发电电动机的转动惯量主要由磁轭产生。磁轭分为整体磁轭和叠片磁轭。整体磁轭一般通过键或热套等方式与转轴连成一体。叠片磁轭由扇形片交错叠成并用拉紧螺栓紧固成一体。磁轭承受由磁轭本身和磁极离心力产生的切向力。

转子磁极是产生磁场的主要部件，主要由磁极铁芯、磁极线圈和阻尼绕组等部件组成。目前发电电动机常用的磁极结构有矩形磁极和塔形磁极（见图 1-1-4 和图 1-1-5）。

矩形磁极极靴与极身的夹角为直角，磁极极身两侧平行，线圈平行放置。磁极线圈在机组运行时由于离心力的作用会产生较大的侧向力。该类机组磁极线圈制造相对简单。矩形磁极的极间通常通过上、中、下三层挡块固定，形成一个整体，以防止在高速旋转时磁极有异常窜动。磁极通过磁极键与磁轭连接，每对磁极键由驱动键和固定键组成。

塔形磁极极靴与极身的夹角为直角，线圈的离心力方向垂直于极靴底面，平行于极身侧面，理论上在机组正常运行时磁极不产生侧向力，铜排、绝缘、托板之间也无侧向滑动，不会对线圈产生损坏。塔形磁极线圈在制造上较复杂，磁极线圈理论上不存在侧向分力，只是由于线圈制造或磁极安装偏差，在实际运行时线圈微弱受侧向分力，适用于高转速机组。

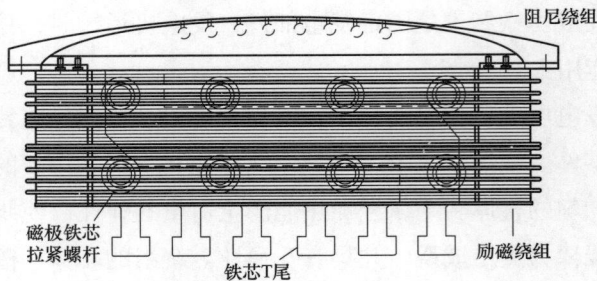

图 1-1-4　矩形磁极结构

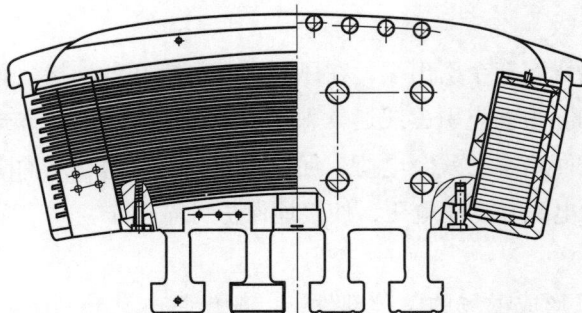

图 1-1-5　塔形磁极结构

（三）轴承

发电电动机的轴承包括推力轴承和导轴承。推力轴承承受机组转动部分的全部重量及水流的轴向力，并把力传递到负重机架。导轴承主要承受机组转动部分的径向机械和电磁的不平衡力，使机组在规定的摆度和振动范围内运行。

（四）机架

发电电动机机架根据布置位置分为上机架和下机架，是发电电动机安置推力轴承、导轴承、制动器等的支撑部件，承受机组推力负荷以及转子径向机械不平衡力和固定、转子气隙不均匀而产生的单边磁拉力。因此，机架是发电电动机的一个较为重要的结构部件。

（五）制动系统

发电电动机采用混合制动，即电气制动和机械制动。当机组转动部分转速达到 50% 额定转速时，按设置的程序自动投入电气制动，定子出线端短接，用电磁阻力矩制动，转速继续下降到额定转速的 5%～10% 时，再投入机械制动系统直到停机。

电气制动的工作原理基于同步电机的电枢反应。机组与电网解列，发电机转子灭磁后，通过电气制动开关使定子三相短路，同时给转子加励磁电流，使定子中产生等于额定电流的短路电流，产生一个方向与机组惯性力矩的方向相反，具有强大制动作用的电磁力矩制动。

机械制动作用在于停机过程中，通过制动器摩擦制动，缩短低转速惰性运行时间，从而缩短停机时间，同时有效防止低转速下推力轴承因油膜不足而损坏。

（六）高压油顶起系统

发电电动机机组启动和停机低速运行过程中，镜板与推力轴承间难以建立油膜，可能导致推力轴承处于半干摩擦状态，容易发生磨损事故。为使推力轴承可靠运行，减小推力轴承的静摩擦转矩，以建立足够的油膜厚度，可以采用高压油顶起系统。

高压油顶起系统用高压油将镜板顶起，在推力瓦和镜板之间建立承载油膜，成为短时运行的静压轴承，从而保证了推力轴承低速下的运行安全。

高压油顶起系统设两个高压油泵，主泵由交流电动机驱动，备用泵由直流电动机驱动。正常工作状态下，交流泵主用。高压油顶起系统一般在机组转速不小于 90% 额定转速时退出，在机组转速小于 90% 额定转速时投入。

（七）冷却系统

发电电动机的冷却系统包括空气冷却系统和润滑油冷却系统。空气冷却系统通过空－水冷却器将电气及通风损耗产生的热量带走，润滑油冷却系统通过油－水冷却器将轴承运行过程中产生的热量带走。

（八）油水管路系统

透平油管路系统通过从油库向发电电动机各轴承充油和排油，油库与机组油管路相互独立，透平油为各轴承提供冷却、润滑作用。

发电电动机冷却水取自机组主冷却水系统，分别进入各自的冷却设备（如上导轴承、下导轴承、推力轴承、空气冷却器）。可通过调节各冷却水系统的阀门来调整冷却水流量，进而改变各设备的冷却效果。

（九）机组监测系统

机组监测系统一般设有温度监测、压力监测、流量监测、振动和摆度监测、局部放电测量、轴电流测量、油盆油水混合监测、油盆油位监测和烟雾监测等设备。当监测数据达到报警或跳闸定值时，经监控系统判定进行相对应的动作出口。

（十）消防系统

为确保发电电动机安全稳定运行，抽水蓄能电站发电电动机还配置有消防系统，通常采用水灭火和二氧化碳灭火两种方式，其中以水灭火方式居多。

发电电动机的消防系统采用水喷雾灭火方式时，每台机组均设有独立的消防系统，其环管分别位于定子绕组端部的上方和下方，喷头在灭火时能将形成的水雾直接喷向定子绕组端部，并全部加以覆盖。

水喷雾灭火系统包括位于定子绕组端部的上、下环管，喷头，雨淋阀，感烟和感温探测器，报警控制装置，控制盘等部件组成。

第二节 发电电动机运行

一、发电电动机电气控制

（一）发电电动机本体电气控制

发电电动机本体电气控制包括发电电动机振动、摆度、抬机量、温度、油位等监测控制。

（1）振动、摆度。振动、摆度监测包括机组上导摆度、下导摆度、上机架振动、下机架振动等振动监测。

各振动测点应设两级越上限信号输出，其中一级越限作用于报警、二级越限作用于报警和水力机械事故停机，停机逻辑应有提高保护动作可靠性的措施，同时应根据机组不同运行状态，合理整定停机出口延时，以避免机组正常开停机、工况转换、穿越振动区、甩负荷等暂态过程误停机。

各级定值应依据 GB/T 7894《水轮发电机基本技术要求》、GB/T 15468《水轮机基本技术条件》、GB/T 22581《混流式水泵水轮机基本技术条件》、厂家设计推荐值并结合现场实际情况进行合理整定。

（2）抬机量。机组应装设轴向位移传感器，用以测量机组抬机时主轴的轴向位移量。宜设两级越限信号输出，其中一级越限作用于报警、二级越限作用于报警和水力机械事故停机，出口宜设延时。定值根据设备技术条件进行合理整定。

（3）温度。温度监测装置或计算机监控系统内的温度跳闸逻辑应有容错功能，当温度测量回路出现断阻、断线、断电、温度变化率异常等故障时闭锁相应元件的保护出口，出口宜设短延时。

1）定子绕组、定子铁芯温度监测。各温度测点应设两级越上限信号输出，其中一级越限作用于报警、二级越限作用于报警和水力机械事故停机，停机逻辑宜采用单一测点方式，若元件可靠性较低可采用 N 取 2 方式或其他安全可靠的逻辑方式。

各级定值应依据 GB/T 7894《水轮发电机基本技术要求》、GB/T 20834《发电电动机基本技术条件》、厂家设计推荐值并结合现场实际情况进行合理整定。

2）空冷器风温。空冷器风温监测包括发电电动机空冷器冷风、发电电动机空冷器热风温度监测。各温度测点应设越上限信号输出作用于报警。定值应按厂家设计推荐值并结合现场实际情况进行合理整定。

3）轴承油槽油温。轴承油槽油温监测包括机组推力轴承、上导轴承、下导轴承油槽的温度监测。各温度测点应设越上限信号输出作用于报警。定值应依据 GB/T 15468《水轮机基本技术条件》、GB/T 22581《混流式水泵水轮机基本技术条件》、厂家设计推荐值并结合现场实际情况进行合理整定。最高油温应不超过 65℃。

4）机组技术供水水温。机组技术供水水温监测包括机组技术供水总管水温、机组各用水设备水温监测。各温度测点应设越上限信号输出作用于报警。定值应按设计推荐值并结合现场实际情况进行合理整定。

（4）油位。油位监测包括机组推力轴承、上导轴承、下导轴承油槽油位等油位监测。各油位测点应设越上限信号输出作用于报警。各油位测点应设越下限信号输出作用于报警。定值应按厂家设计推荐值并结合现场实际情况进行合理整定。

（二）发电电动机消防系统电气控制

发电电动机通常采用水灭火和二氧化碳灭火，以水灭火方式居多。发电电动机的消防系统采用水喷雾灭火方式时，每台机组均设有独立的消防系统，水喷雾灭火系统包括位于定子绕组端部的上、下环管，喷头，雨淋阀，感烟和感温探测器，报警控制装置，控制盘等部件组成。

当烟感器、温感器同时动作时，报警装置才作用于自动喷雾灭火系统灭火。紧急情况下也可以手动操作启动灭火系统。发电电动机消防系统动作喷水前，必须先动作跳开机组开关，断开电源。

火灾自动报警系统应设有交流电源和蓄电池备用电源，备用电源可采用火灾报警控制器和消防联动控制器自带的蓄电池电源或消防设备应急电源。

发电机消防保护动作后应动作于跳机组，并设置报警，由运行人员确认在接收到发电电动机断路器及灭磁开关已分闸的信号后，按事故处置预案处理。

（三）发电电动机辅助设备控制逻辑

1. 机械制动

（1）设计原则。

1）每个制动器宜分别配置独立的位置开关，利用常开节点指示制动器的投入和退出两个状态。所有制动器的退出节点串联（所有制动器退出）即判断机械制动退出，各制动器投入节点并联（任何一个制动器投入）判断机械制动投入。

2）机械制动应具备现地手动控制方式和监控顺控流程控制方式，监控系统宜设置远方手动退出控制，不应设置远方手动投入控制。

3）任何控制方式应采取高转速闭锁投入及其他防止高速加闸的措施，控制回路中应采用机组出口开关分闸位置，导叶全关（含非同步导叶）位置、球阀全关（含旁通阀）位置，机组转速装置故障信号和转速等信号硬节点进行闭锁，避免仅采取软件逻辑的闭锁方式。

4）机械制动系统应纳入监控系统统一控制，监控系统宜实时显示各个制动闸板的投 / 退位置，现地控制盘柜宜实时显示各个制动闸板的投 / 退位置。

5）应投入高速加闸保护。

6）低转速信号变位（常开节点打开）或转速装置故障，机械制动应立即退出，不应受其他任何条件的限制。

（2）控制逻辑。

1）机组正常停机或事故停机过程中由监控顺控流程自动执行投入／退出机械制动。

2）正常停机或机械事故停机过程中，转速下降至额定值的5%～10%（以电站实际为准）时，再投入机械制动直到静止状态。

3）电气事故停机过程中，应闭锁电制动，转速下降至额定值的15%～25%（以电站实际为准）时，再投入机械制动直到静止状态。

4）机组停机过程中，投入机械制动前应先判断发电电动机出口断路器已分闸、导叶已全关、球阀已全关、机组转速小于5%～25%额定值、测速系统无故障等闭锁条件是否满足，防止高速加闸。

5）对于监控系统设计上停机稳态时机械制动保持投入的机组，"制动投入状态""制动系统可用（包括设备控制层、设备有无故障、电源状态等条件）"应作为机组启动的初始条件，条件不满足时闭锁启动机组。对于设计上停机稳态时机械制动退出的机组，"制动退出状态""制动系统可用（包括设备控制层、设备有无故障、电源状态等条件）"应作为机组启动的初始条件，条件不满足时闭锁启动机组。

6）机组开机顺控流程中，执行退出机械制动，若制动闸未退出，机组顺控流程应无法执行后续流程。

7）应设置高速加闸保护功能，该功能逻辑如下：

a. 机组在运行稳态，若机械制动投入状态或不在退出状态，则立即发令退机械制动，并报警和水力机械事故停机。

b. 25%额定转速（以电站实际为准）时，监测到机械制动投入信号应退机械制动，作用于报警和水力机械事故停机。

c. 宜设置全过程高速加闸保护，实现转速在0～25%区间的加闸保护。处于发电和拖动机工况时，收到水轮机模式令；处于静止变频器（SFC）拖动工况时，SFC拖动时收到静止变频器输出开关（OCB）合位；处于背靠背同步启动（BTB）被拖动机工况时，背靠背拖动时被拖动机收到磁场断路器（FCB）合位，在上述三个区段内，若收到机械制动顶起或是未全落下，则立即发令退机械制动，并报警和水力机械事故停机。

2. 高压油顶起

推力轴承配有一套高压油顶起装置，由高压油泵组及电动机和起动、控制、保护设备、各种阀门以及仪表和自动化元件等组成。在机组启、停机过程中，高压油通过轴瓦的中心孔射出将转子顶起，在推力头的镜面板与轴瓦之间强制形成油膜并进行润滑。机组正常运行后则会自动停止供应高压油，推力轴承自行润滑。

（1）设计原则。高压顶起装置控制方式应具备远方自动、现地手动和切除三种。现地手动控制回路宜采用硬布线方式。可设置监控系统操作员站远方手动启动功能。当机组发生蠕动时高压油顶起装置应自动启动。高压油顶起装置应设置一台交流油泵，另一台直流油泵。直流泵作为交流泵的备用。主油泵运行时油压不满足，高压油顶起装置应自动启动备用油泵。

（2）控制逻辑。

1）收到远方开机启动高顶令，高压油顶起装置投入运行，转速大于90%后高压油顶起装置停止运行；收到远方高压油装置停机启动高顶令，高压油顶起装置投入运行，转速信号小于1%后高压油顶起装置停止运行。

2）高压油顶起装置应先启动交流泵，泵启动后，如果该泵出口流量低或压力、流量等条件不满足时（延时、滤波判断），判断启泵失败，停交流泵，同时启动直流泵；启动直流泵后，如果该泵出口流量低或压力、流量等条件不满足时（延时、滤波判断），判断启泵失败。

二、发电电动机巡检

（一）发电电动机本体巡检

发电电动机本体巡检内容如下：

（1）机旁监控盘运行正常，机组状态显示正常，机组运行参数显示正常。

（2）发电机保护装置运行正常，信号指示正确，机组各保护投入正确，无报警信号机组故障录波装置运行正常，无故障和告警信号。

（3）发电机运转声音正常，无异声、异味和异常振动。

（4）机组轴电流监测装置运行正常，发电机轴电流小于规定值。

（5）机组振动摆度测量装置运行正常，各部振动摆度正常。

（6）发电机引出线连接处及中性点连接处无过热现象。

（7）集电环、刷架、电刷、引线等清洁、完整，接线紧固，运行中电刷无火花、跳动，电刷磨损量在正常范围内，电刷与刷握无卡住现象，电刷引线无变黑、断线。

（8）定子绕组、定子铁芯、转子回路、励磁系统各设备运行正常，各表计指示正确，各元件及接头无发热。

（9）出口母线各部温度正常，外壳接地良好。

（10）风洞内无异声、异味、火花、异物和异常振动。

（11）推力、上导油槽油位、下导油槽油位、油色、油温正常，排油雾装置正常，各部无甩油、漏油及积油、积水现象。

（12）发电机各空冷器温度均匀、进出风温度正常、冷却水压力正常、阀门位置正确，管路阀门无渗漏、无过热或结露现象。

（13）发电机端子箱内各连接端子连接稳固，无发热、变色现象。

（14）发电机及其附近无异物，外壳接地良好，二次端子箱门关闭。

（二）发电机消防系统巡检检查

发电机消防系统巡检检查内容如下：

（1）检查消防报警系统控制器主、备电源运行情况及电压，控制器指示灯是否正常，控制状态是否在自动状态，显示屏上有无报警信息。

（2）检查消防管路是否完好、有无渗水，阀门位置是否正常，消防水压是否正常。

（三）发电电动机辅助设备巡检内容

发电电动机辅助设备巡检内容如下：

（1）检查机械制动/顶转子装置各手动阀位置正确。

（2）检查顶转子油泵进口隔离阀全关。

（3）检查机械制动集尘装置控制盘工作电源正常，手动/自动选择开关在"AUTO"状态；机械制动集尘装置运行无异响，吸尘管无过热、无裂痕、无脱落、无漏气。

（4）检查推力轴承、上导轴承、下导轴承冷却器进水阀、出水阀全开，检查管路无漏水，冷却水进、出口压力正常，水流量正常。

（5）检查高压注油装置运行压力正常。

三、发电电动机操作

（一）发电电动机本体操作

1. 发电/电动机的正常启动、并列及停机的一般要求

（1）正常情况下，发电/电动机的启停应在上位机系统上进行，当上位机故障或网络中断时方可在机旁现地控制单元（LCU）进行操作。

（2）发电/电动机正常并列应由自动准同期方式并列，自动不良时可由手动准同期并列。

（3）对发电/电动机电压的速度不作规定，可以立即升至额定值。

（4）发电/电动机上位机停机可以带负荷直接停机，但此时应注意监视调整其余运行机组负荷，以保证系统频率。

（5）在现地控制方式下，停机前必须将有功、无功负荷减至零，然后先解列后停机。停机前须确认出口开关状态灯指示正确。

（6）机组停电检修做措施时，应做灭磁开关、高压开关远方跳合闸试验，此时发电机－变压器组的变压器高压隔离开关应断开。

（7）发电/电动机制动装置均出现故障时，须联系处理，机组不宜随意惰性停机，若需要立即停机时，方可惰性停机，但一年内不超过3次。

（8）发电/电动机停机时，无论采用何种制动方式应能连续制动，直到停止转动为止。采用电制动停机时，应对停机过程中定子电流进行监视。

（9）正常停机过程（含退电气制动）时，其灭磁方式主要采用逆变灭磁，少部分能量由非线性电阻（碳化硅或氧化锌）消耗；电气故障跳机时，其灭磁方式为非线性电阻（碳化硅或氧化锌）灭磁。

（10）非调度特殊要求，机组的启停应按制定的轮换制度执行。

2. 发电机正常启动操作

（1）机组以自动开机操作为基本方式。自动开机过程中应监视流程执行的正确性。如检修后机组启动试验自动开机不成功，应查明原因，待处理正常后再进行开机，如系统紧急需要，应手动辅助开机，并做好记录。

（2）发电机 A 级、B 级检修后，首次启动试验的机组，应先采用手动开机，手动开机前须检查开机条件是否满足要求，如制动闸在退出状态、技术供水压力正常等。若满足开机条件，用调速器手动方式开启导叶，待机组开始转动后，将导叶关回，检查并确认机组转动与静止部位之间无摩擦或碰撞情况。确认各部正常后，手动开启导叶缓慢升速并监听发电机各部的声音，严密监视各部位轴承温度，检查轴承润滑、冷却系统工作情况及机组各部振动摆度情况，并按现场规定做好记录。当发电机转速达到额定转速的 50% 时，应暂停升速，检查各部运行情况，如有异常，应设法消除。检查无异常后，继续增大导叶开度，在转速达到额定值时，应检查主轴摆度、轴承油压、油流、油温和瓦温及冷却介质泄漏等情况，不应超过有关规定。

（3）发电机并列应通过机组出口断路器进行并列，机组并列应以自动准同期为主，当自动准同期故障时也可采用现地手动准同期并列。发电机－变压器组单元接线的发电机并列（中间无断路器隔离），可通过主变压器高压侧与电网并列，并列前应将该主变压器中性点接地，并列后主变压器中性点接地运行方式按电力调度机构和现场规程的规定执行。

（4）发电机正常启动前无论采用何种同期并列方式，其励磁调整装置应放在空载额定电压位置，励磁系统的运行操作应符合 DL/T 491《大中型水轮发电机自并励励磁系统及装置运行和检修规程》的规定，现场规程应规定各种同期并列和励磁系统的操作方法。

（5）发电机并入电网以后，有功负荷增加的速度应按电力调度机构的规定进行。增加负荷时应注意监视发电机冷却介质温升、铁芯温度、绕组温度以及电刷、励磁装置工作情况等。

（6）发电机升压过程中，对发电机电压的增加速度不作规定，可以立即升至额定值，制造厂有规定者应按其规定执行，同时应注意三相定子电流均等于或接近于零。当发电机的转速已达额定值、励磁调整装置的位置已在相当于空载额定电压的位置上时，应注意发电机定子电压是否已达额定值，同时根据转子电流大小核对转子电流是否与正常空载额定电压时的励磁电流相符。

3. 发电机正常停机操作

（1）机组停机应以自动停机为基本操作方式，自动停机一般在中控室操作，停机过程应监视自动停机流程执行的正确性，若自动停机不成功，应手动辅助停机。

（2）正常情况下，发电机解列前应将有功功率和无功功率降至最小值，拉开发电机的出口断路器，对于发电机－变压器组单元接线中间无断路器隔离的发电机应拉开发电机－变压器组高压侧断路器。对 220kV 系统中容量 200MVA 以下单元接线发电机－变压器组，解列前应将未接地的变压器中性点投入。

（3）当机组采用手动方式停机时，解列后应先进行手动逆变灭磁再停机。

（4）发电机停机时，无论采取何种制动方式应能连续制动，直到停止转动为止。采用电制动停机时，当机组转速下降到规定转速，可投入电制动，停机过程中应对定子电流进行监视，定子电流应为额定电流的 1.0～1.1 倍。

（5）机组在调相工况运行停机时，应先将转轮室内空气排掉再停机。

（6）发电机每次停机后，应检查绕组、轴承冷却供水是否已停止，全部制动装置均已复归，为下次开机做好准备。

4. 发电机事故停机操作

（1）发电机发生电气或机械事故时，应迅速根据继电保护、自动装置、监控系统等装置监视发电机发生事故的各种现象，判断事故性质，监视事故发生后发电机停机动作执行流程，如果自动停机执行流程不顺畅应迅速手动辅助，防止事故进一步扩大。

（2）当发电机发生事故而保护未动作时，应通过现地或远方进行事故停机。

（3）发电机事故停机流程正常动作后，确认发电机出口断路器、励磁灭磁开关是否正常跳闸，水轮机导叶或进水口主阀是否在规定的动作时间范围内正常关闭。

（4）事故停机时，如影响到电制动，应提前退出电制动，采用机械制动方式停机。

5. 发电机零起升压操作

（1）发电机断路器在断开位置或与主变压器低压侧的连接端应断开。

（2）全面检查发电机有关一、二次设备，确认均处于正常状态。

（3）调速器运行方式置"自动"。

（4）启动机组，检查转速正常。

（5）合上机组灭磁开关。

（6）励磁调节器控制方式置于"现地、手动"位置，调整励磁电流给定值至最低，或励磁调节器装置置于"零升"位置。

（7）按规定升励磁递升加压，监视有关参数情况。

（8）试验结束，逆变灭磁。

（9）励磁调节器装置置于正常运行位置。

6. 发电机黑启动操作

（1）黑启动的基本要求。

1）如需要配合电网进行黑启动应听从电力调度机构指挥。

2）在黑启动过程中应尽量缩短开机带厂用电时间，降低机组无冷却水运行时间，开机前应将系统运行方式准备充分完善。

3）励磁系统应考虑在黑启动时递升加压自励磁，如果带线路递升加压，则线路重合闸保护应退出。

4）如果厂用电恢复成功，应尽快恢复启动机组调速器压油泵、技术供水泵、渗漏排水泵等重要厂用电负荷。

5）做好事故应急电源（如柴油发电机）的维护，在机组不满足黑启动条件或黑启动试验失败后，应能立即启用应急电源恢复厂用电，避免引发事故。

（2）黑启动开机条件。

1）机组黑启动时，进水口主阀及油压装置的油压、油位应满足机组至少启停一次的要求。

2）调速系统油压装置油压、油位应满足要求，机组启动、建压正常到恢复厂用电的过程中应不引发事故低油压。

3）空气压缩系统在失去电源后，低压气罐压力应能保证机组制动和空气围带正常退出。

4）进水口主阀及调速器控制系统在失去交流电源的情况下能够正常运行。

5）机组轴承在开机过程中，无水泵供应冷却水的情况下应满足时间和轴承温度的需求。

6）渗漏集水井水位上升速率应能保证机组黑启动在集水井水位达到报警值前恢复厂用电，以免造成水淹厂房的事故。

7）直流系统应满足励磁、继电保护、监控系统、自动化系统、调速器、通信、事故照明、操作等对供电容量的要求，供电时间应满足机组黑启动成功到恢复厂用电的全过程。

8）励磁系统应满足在冷却风机无法运行时启动过程中功率柜的温升要求。

9）黑启动机组的水机保护、发电机–变压器组保护、厂用变压器保护等投入正常，自动化元件、自动装置工作正常，必要时可以闭锁一些保护并降低机组启动的要求，使机组能够快速安全启动。

（3）发电机无外来交流备用电源的黑启动操作。

1）切除全厂调速系统压油泵、技术供水泵、渗漏排水泵、气系统、照明、电热等厂用电负荷的动力电源，防止厂用电恢复过程中自启动。

2）按正常开机程序对具备黑启动条件的发电机进行自动开机，待机组黑启动成功后尽快恢复厂用电和所切除的厂用电负荷。

7. 发电／电动机在发电机工况运行时带负荷操作

（1）按调度命令的要求执行［正常投入自动发电控制功能（AGC）］。

（2）发电／电动机并网后，有功负荷增加的速度不受限制，但应防止发电／电动机进相。

（3）自动发电控制功能（AGC）因异常停用，改为手动调整时，在不违背调度命令的前提下，应严密监视电网频率，尽量调整机组在高效率区运行。

（4）对运行中的发电／电动机应勤监视、勤联系、勤调整，使机组尽量躲开振动区，经济分配负荷。

（5）正常情况下，机组运行在低负荷低效率区时，应主动联系调度停机，力争做到少用水多发电。

8. 消防装置的投入操作

（1）自动投消防。机组消防控制系统在自动位置时，当发电电动机的差动保护／温感／烟感任意两个动作时，机组启动紧急停机流程，当发电机消防控制系统检测到机组出口开关（GCB）和励磁磁场断路器都断开后，启动喷淋。

（2）手动投消防。当发电电动机满足消防装置动作条件而发电机消防未自动投入时，可按下机坑外发电机消防控制柜上的手动启动消防按钮或者打开发电机消防雨淋阀手动控制阀启动喷淋。

如果发电机消防装置误动作喷水，则会对发电机造成严重损坏，所以为了防止误动，一般将发电机消防雨淋阀的出口阀关闭。若果真发生发电机火灾事故，需要启动发电机消防装置动作喷水时，应首先将发电机消防雨淋阀的出口阀打开。

备注：消防动作后，若须进入风洞检查，必须佩戴防毒面具。

检查消防系统的烟感、温感探测器无报警，消防水的压力正常、无渗漏。

如果发电电动机消防系统未自动启动喷淋，可按下机坑外发电电动机消防控制柜上的手动启动消防按钮或者打开发电电动机消防雨淋阀手动控制阀来启动喷淋，启动喷淋前应先解锁并打开雨淋阀出口阀。

9. 推力轴承高压注油泵手动启停操作

（1）手动启停交流注油泵。

1）在交流注油泵控制柜上将控制方式切至"手动"。

2）按下启动按钮，交流注油泵启动。

3）检查"交流注油泵启动"灯亮，"系统油压正常"灯亮。

4）按下交流注油泵停止按钮，交流注油泵停下。

5）将交流注油泵控制方式切回"自动"。

（2）手动启停直流注油泵。

1）在直流注油泵控制柜上将控制方式切至"手动"。

2）按下启动按钮，直流注油泵启动。

3）检查"直流注油泵启动"灯亮，"系统油压正常"灯亮。

4）按下直流注油泵停止按钮，直流注油泵停下。

5）将直流注油泵控制方式切回"自动"。

10. 现地手动投机械制动装置

（1）检查机组开关已拉开。

（2）检查机组导叶、球阀已全关。

（3）若需要在 5%～10% n_N（机组额定转速）时投入机械制动器，则应将"投机械制动按钮"始终按住，直至转速低于 5% n_N，机械制动保持投入后方可松手。

注意：为防止机组较高转速投机械制动后，制动器再次退出时可能会出现卡涩的现象，

一般在转速低于 $10\% n_N$ 后，方可手动投入机械制动装置。

11. 进发电电动机风洞工作的隔离操作

（1）做好防止机组转动的措施。球阀本体及其旁通阀确保关闭，球阀工作密封投入，导叶全关机械锁定投入。

（2）做好定转子回路停电隔离措施。拉开拖动隔离开关、被拖动隔离开关、换相隔离开关、中性点隔离开关，对所拉开的隔离开关应锁上并将其操作电源拉开，拉开并摇出励磁变压器低压侧开关，拉开机端电压互感器（TV）二次侧所有小开关，拉开发电电动机定转子接地保护电源开关，拉开转子绝缘检测装置电源开关，拉开起励电源开关。

（3）做好接地措施。合上机组开关机组侧接地开关，在转子绕组与磁场开关之间挂一组接地线。

四、发电电动机典型事故处理

（一）发电 / 电动机定子接地

1. 故障现象

（1）上位机显示及语音报警"发电 / 电动机定子接地保护动作"，电气事故动作。

（2）接地变压器有电磁响声。

（3）机组定子接地保护动作跳闸（机组出口开关 GCB）、灭磁、停机。

（4）现地保护装置动作灯亮。

2. 原因分析

（1）发电 / 电动机定子接地是指定子绕组回路及与定子绕组回路直接相连的一次系统发生的单相接地短路。定子接地按接地时间可分为瞬时接地、断续接地和永久接地；按接地范围可分为内部接地和外部接地；按接地性质可分为金属性接地、电弧接地和电阻接地；按接地的原因可分为真接地和假接地。

（2）小动物引起定子接地。如老鼠窜入设备，使发电 / 电动机一次回路的带电导体经小动物接地，造成瞬时接地报警。

（3）定子绕组绝缘损坏。除了绝缘老化方面的原因，主要还有各种外部原因引起绝缘老化。

（4）定子绕组回路的绝缘瓷瓶受潮或脏污引起定子回路接地。

（5）水冷机组漏水引起接地报警。

（6）发电机－变压器组单元接线中，主变压器低压绕组或高压厂用变压器高压绕组内部发生单相接地，都会引发定子接地报警信号。

3. 处理过程

（1）定子接地的现象及其判断。当发电 / 电动机定子绕组及与定子绕组直接连接的一次电路发生单相接地或发电 / 电动机电压互感器高压熔断器熔断时，均发出"定子接地"光字牌报警信号，按下发电 / 电动机定子绝缘测量按钮，"定子接地"电压表出现零序电压指示。

（2）真、假接地的根本区别。真接地时，定子电压表指示接地相对地电压降低（或等于零），非接地相对地电压升高（大于相电压但不超过线电压），而线电压仍平衡；假接地时，相对地电压不会升高，线电压也不平衡，这是判断真、假接地的关键。值班人员根据上位机越限报警信号，调出机组水力机械图画面，检查发电 / 电动机冷、热风及定子线圈温度升高情况，机组总供水压力是否正常。

（3）因为发电 / 电动机中性点一般采用中性点经消弧线圈或高电阻接地，所以在发生定子一点接地时仍可短时带接地运行。带故障运行时间取决于消弧线圈的允许条件。

（4）当接到"定子接地"报警后，若判明为真接地，应检查发电 / 电动机本体及所连接的一次回路，如接地点在发电 / 电动机外部，应设法消除。如将厂用电倒为备用电源供电观察接地是否消失。如果接地无法消除，对于 200MW 及以上机组，应在 30min 内停机。如果查明接地点在发电 / 电动机内部（在窥视孔能见到放电火花或电弧），应立即减负荷解列停机，并向上级调度汇报。如果现场检查不能发现明显故障，但"定子接地"报警又不消失，应视为发电 / 电动机内部接地，30min 内必须停机检查处理。

（5）若判明为假接地，应检查并判明发电 / 电动机电压互感器熔断器熔断的相别，视具体情况，带电或停机更换熔断器。如果带电更换熔断器，应做好人身安全措施和防止继电保护误动的措施。

（二）轴电流

1. 故障现象

（1）较高的轴电流使机组发生轴电流故障报警，出现故障牌。

（2）润滑油变质、变黑，降低润滑性能，使轴承温度升高。

（3）大轴轴领和导轴瓦面有大量灼伤痕迹。

2. 原因分析

不论是立式还是卧式的水泵水轮发电机，其主轴不可避免地处在不对称的磁场中旋转。这种不对称磁场通常是由定子铁芯合缝、定子硅铁片接缝、定子和转子空气间隙不均匀，轴心与磁场中心不一致或励磁绕组间短路等各种因素造成的。当主轴旋转时，总是被这种不对称磁场中的交变磁通所交链，从而在主轴中产生感应电动势，并通过主轴、轴承、机座而接地，形成环形短路轴电流。

3. 处理过程

（1）研刮处理灼伤的轴领和导轴瓦。

（2）测量轴承绝缘，查找绝缘不良的部件，对绝缘不良的部件进行干燥处理。

（3）彻底清扫油槽。

（4）回装时注意不要破坏绝缘。

（三）发电 / 电动机转子一点接地

1. 故障现象

（1）上位机显示及语音报警"发电 / 电动机转子一点接地保护动作"，"电气故障"动作。

（2）现地保护装置动作灯亮。

2. 原因分析

（1）转子引线绝缘老化。

（2）电刷引线打铁。

（3）励磁系统污垢过多及电刷处碳粉过多造成绝缘能力降低。

（4）工作人员在励磁回路上工作时，因不慎误碰或其他原因造成转子接地。

（5）转子集电环、槽及槽口、端部、引线等部位绝缘损坏。

（6）长期运行绝缘老化，因杂物或振动使转子部分匝间绝缘垫片位移，将转子通风孔局部堵塞，使转子绕组绝缘局部过热老化引起转子接地。

（7）鼠类等小动物窜入励磁回路，定子进出水支路绝缘引水管破裂漏水，励磁回路脏污等引起转子接地。

3. 处理过程

（1）检查装置的数据内容，判断转子是正极接地还是负极接地，是金属性接地还是非金属性接地。

（2）转子回路一点接地时，因一点接地不形成电流回路，故障点无电流通过，励磁系统仍保持正常状态，故不影响机组的正常运行。

（3）此时，运维人员应检查"转子一点接地"光字牌信号是否能够复归。若能复归，则为瞬时接地。若不能复归，通知检修人员检查转子一点接地保护是否正常。若正常，则可利用转子电压表通过切换开关测量正、负极对地电压，鉴定是否发生了接地。如发现某极对地电压降到零，另一极对地电压升至全电压（正、负极之间的电压值），说明确实发生了一点接地。

（4）检查转子集电环有无明显接地点。

（5）检查励磁各整流屏直流输出裸线部分及励磁开关有无明显接地点。

（6）如果故障无法消除，应立即联系调度转移负荷停机，分别测量励磁整流侧和转子侧绝缘，查到接地点通知检修处理。

（7）确认转子绕组接地，须立即停机。

（四）导轴承瓦温越限

1. 故障现象

（1）监控系统上位机出现轴承瓦温越限随机报警信号。

（2）监控系统上位机自动弹出故障机组"光字牌监视图"，断水温度信号、机械故障信号光字牌点亮。

（3）机组 LCU 触摸屏轴承瓦温越限报警。

2. 原因分析

（1）由于导轴承冷却水水压不足或中断造成冷却效果差，引起导轴承瓦温升高而警报，此时导轴承油槽油温较高，导轴承各瓦间温差较小，并有导轴承冷却水中断故障光字牌。

（2）由于导轴承瓦的标高调整不当（此时机组刚启动不久）或运行中的变化（此时机组振动较大）造成导轴承瓦之间受力不均，使受力大的导轴承瓦瓦温升高而警报，此时导轴承各瓦间温差较大。

（3）由于导轴承绝缘不良，产生轴电流，破坏油膜，造成导轴承瓦与镜板间摩擦力增大，使导轴承瓦温升高而警报，此时导轴承各瓦间温差较小，油色变深、变黑，其他轴承也同样受影响。

（4）机组振动摆度增大引起导轴承瓦间受力不均，受力大的导轴承瓦温升高而警报。此时导轴承各瓦间温差较大，相邻导轴承瓦间温度相差不大。

（5）由于导轴承油槽油质劣化或不清洁造成润滑条件下降，引起导轴承瓦温升高而警报，此时可能有轴电流或有导轴承油槽油面升高。

（6）导轴承油槽油面降低引起润滑条件下降造成导轴承瓦温升高，此时有导轴承油槽油面下降掉牌。

（7）开停机时油压减载系统工作不正常引起润滑条件下降造成导轴承瓦温升高。

（8）由于导轴承测温元件损坏、温度计或巡检仪故障引起误警报。

3. 处理过程

（1）值班人员根据上位机越限报警信号，调出机组水力机械图画面，检查机组轴承瓦温、轴承冷却水压、轴承冷却水量是否正常。对瓦温情况应加强监视，并做好事故预想。

（2）值长指派值班人员，现场检查如下项目：

1）用机组 LCU 触摸屏检测轴承瓦温是否异常越限。

2）检查轴承油位、油色是否正常，油位异常时应检查轴承是否跑油或进水，如油色异常，应汇报值长，联系维护人员进行油质化验。

3）检查轴承冷却器给水压力是否正常，如不正常应按设备运行规范要求进行调整。

4）监听轴承运行是否有异声，并测量轴承摆度是否符合运行规范，有无增大情况。

5）检查机组是否运行在振动区域，如运行在振动区域，应汇报值长、请示调度，调整机组负荷避开此区域运行。

6）检查发电／电动机冷风温度是否正常，如由此而引起轴承温度不正常，应按设备运行规范要求进行冷风调整。

7）如轴承瓦温继续（急剧）升高，应立即汇报值长，联系调度停机。

（3）在导轴承瓦温故障的同时若有导轴承冷却水中断故障掉牌，应检查导轴承冷却水。

1）若导轴承冷却水水压不足造成冷却效果差，应检查和处理调节阀和滤过器以及管路渗漏。

2）若导轴承冷却水中断造成冷却效果差，应检查和处理常开阀和电磁阀。

（4）由于导轴承瓦的标高调整不当或运行中的变化造成导轴承瓦之间受力不均，应紧急停机。停机后检修处理。

（5）在导轴承瓦温故障的同时若有轴电流故障掉牌，油色变深、变黑。

1）应测量轴电流和化验油质。

2）监视导轴承瓦温和油温运行或停机处理。

3）同时要监视其他各油轴承的温度。

4）确认故障是轴电流引起的应更换绝缘垫。

（6）导轴承瓦温升至故障、振动摆度较大，应尽快停机检查处理。

（7）导轴承油槽油质劣化或不清洁造成的导轴承瓦温升高，应化验导轴承油槽油质和检查导轴承油槽油面。

1）待停机后处理，并进行换油和清扫油槽。

2）若有导轴承油槽油面升高，应检查冷却器和导轴承油槽内的供水管。

（8）轴承油槽油面下降引起的导轴承瓦温升高。

1）应检查油压减载系统，导轴承油槽的给排油阀是否有漏油之处，导轴承油槽的挡油板是否有油甩出，密封盘根处是否漏油，导轴承油槽液位计是否破碎漏油。

2）确认是轴承油槽漏油引起，应立即监视导轴承瓦温的高低和上升速度的大小，正常停机或紧急停机。

3）停机后处理漏油点，并联系检修给油槽添油。

（9）开停机该启动油压减载系统时未启动或压力继电器失灵引起。

（10）以上各项无任何异常现象时，应检查测量和显示温度的零部件。

（五）导轴承油位异常

1．故障现象

（1）监控系统上位机出现导轴承油位异常随机报警信号。

（2）监控系统上位机自动弹出故障机组"光字牌监视图"，油位异常信号、机械故障信号光字牌点亮。

（3）机组 LCU 触摸屏导轴承油位异常报警。

2．原因分析

（1）导轴承油槽进水，冷却器管路磨损漏水造成导轴承油槽油面升高。

（2）导轴承油槽供、排油阀关闭不严或油阀误开，造成导轴承油槽油面异常。

（3）运行中导轴承油槽密封盘根老化，长期漏油引起导轴承油槽油面下降。

（4）导轴承油槽取油阀关闭不严漏油，造成导轴承油槽油面下降。

（5）高压油顶起装置系统漏油引起推力油槽油面下降。

3. 处理过程

（1）值班人员根据上位机随机报警信号，调出机组水力机械图，检查机组导轴承油位、瓦温变化情况，同时检查导轴承冷却器供水压力是否超机组运行的技术规范要求。

（2）值长指派值班人员，现场检查如下项目：

1）如果导轴承油位升高，检查油色是否正常，导轴承冷却器供水压力是否超机组运行的技术规范要求、阀门位置是否正确。

2）如果导轴承油位降低，检查导轴承是否有漏油，导轴承排油阀及取油阀是否关闭良好。

（3）检查推力油槽油面确实下降，应首先监视导轴承温度的大小和上升速度快慢，若推力轴承温度较高应正常停机；若推力轴承温度较高且上升速度较快应紧急停机；若推力轴承温度不是很高和上升速度不快，应检查推力油槽是否有明显漏油之处。若能处理设法处理，联系检修添油，使油面合格。

（4）运行中导轴承油槽密封盘根老化，长期漏油引起导轴承油槽油面下降，结合机组各级检修处理油槽密封盘根。

（5）高压油顶起装置系统漏油引起推力油槽油面下降，及时处理高压油顶起装置系统漏油部位。

（六）发电电动机着火处理

1. 事故现象

发电电动机附近可闻到焦味，集电环室或风洞有冒烟或明火现象，发电电动机消防出现报警，相应的保护动作。

2. 处理原则

（1）确认发电电动机着火后，立即按机组电气跳机按钮，跳开机组开关和励磁开关，通知消防队，汇报调度和厂站领导。

（2）禁止打开集电环室和风洞门，在确认机组开关和励磁开关跳开后，启动发电电动机消防系统，对发电电动机进行灭火。

（3）灭火过程中，在火没有被完全扑灭之前，现场处置人员禁止进入风洞内部，禁止用砂或泡沫灭火器灭火，现场处置人员均应佩戴正压式呼吸器。

（4）视火灾情况，考虑火情对周围设备的影响，停周围相关设备。

（七）发电电动机机架振动大

1. 故障现象

发电电动机上、下机架的振动值超过规定值。

2. 处理原则

（1）中控室人员应密切监视运行机组振动图、振动趋势、导轴承瓦温趋势。

（2）现场值班人员应检查机组运行声音和机组振动情况。

（3）如出现以下几种情况，可能为误发、误报信号：

1）机组在停机状态突然出现振动数值变动或高报警、跳机信号。

2）机组运行时，某个测点振动数值长时间无变化。

3）机组个别振动测点数值剧烈变化或显示坏质量，其余测点数值变化范围正常。此时应做进一步检查和判断，若是因为测量传感器故障引起，可经厂站领导批准，暂时解除故障传感器的端子，待机组正常停机后再由检修人员检查处理，同时加强该机组的运行监视。

（4）如出现以下几种情况，可认为机组振动异常：

1）机组在正常运行时出现发电电动机振动高报警或跳机信号，同时其余测点振动趋势也出现非正常变化或该测点部件温度在非正常范围内变化，现地查看振动情况与监控显示相符，现场感觉到异常振动。

2）监控显示多个测点振动数值大幅度交替变化并持续上升，现地查看振动情况与监控显示相符，现场感觉到异常振动，此时应按以下原则进行处理：

a. 立即汇报网调，申请降低机组有功负荷，若振动恢复到正常范围内，则可保持机组运行，加强该机组监视；若无效则申请机组停机，转移负荷，通知相关人员检查处理。

b. 机组在启动或工况转换过程中出现机组振动异常，应加强机组监视，若 5min 内机组到达目的工况稳态，且机组振动恢复正常，则保持该机组运行，同时加强该机组监视；若机组稳态运行后振动仍异常，则根据方式 a. 处理；若机组在 5min 后仍未到达目的工况稳态，立即停下该机组，停机后由检修人员检查处理。

（八）机械制动装置在机组启停过程中无法正常退出或投入

1. 故障现象

机械制动装置在机组启停过程中无法正常退出或投入。

2. 处理过程

（1）如果机械制动装置在转速大于 $20\%n_N$ 或球阀打开或机组开关合上时投入，机组会机械跳闸，为防止高速加闸对机组造成损害，应立即关闭机械制动装置供气阀，并拧开管路接头排气或解开投机械制动装置回路端子。

（2）如果机组在停机过程中，转速小于 $5\%n_N$ 时，机械制动装置无法正常投入，如果是气压低造成的，应对供气回路进行检查：各阀门状态是否正确，微增压气机是否正常运行，气压是否正常。

（3）如供气回路正常，在机组现地控制盘上通过紧急按钮来投机械制动装置，若无效，则对其二次控制回路进行检查。

（4）如果机组启动时，机械制动无法退出，应检查开机程序是否正常，如果命令发出，但未执行，可能是因为投退电磁阀故障，应联系检修人员处理。

（5）如果是机组复役后初次启动，机械制动装置无法退出，还应考虑制动闸下腔及相应管路上的顶转子用油是否排完，排油阀是否打开。

（6）机组在停机稳态，因工作需要退出机械制动装置时若无法退出，可通过操作手动投退软开关、解开机械制动装置投入回路端子、关闭机械制动装置供气阀并拧开管路接头排气等方式来实现退出机械制动装置。

（7）如果机组启动时，发现机械制动装置无法自动退出，则应立即将机组停机。机组停稳后，利用机械制动装置远方手动投退回路对机械制动装置进行投退试验，若机械制动装置仍无法退出，则应进入风洞对机械刹车装置进行检查，发现有未退出的则应用专用撬棍将刹车块撬下来，然后利用机械制动装置远方手动投退回路对机械刹车进行多次试验。

第三节　发电电动机检修

一、发电电动机装配

发电电动机装配是机组投入运转之前的一项关键性工作，装配质量的好坏直接关系到机组的安全稳定运行。因此，采用合理正确的安装工艺和试验方法，对保证安装质量和机组使用寿命有着重要的意义。

发电电动机整体主要装配流程分为机坑外定子组装及试验、转子组装及试验、上下机架组装、机坑内设备吊装及整体组装，具体流程如图 1-3-1 所示。

二、发电电动机日常维护

抽水蓄能电站机组启停频繁、工况转换复杂，为保障机组的运行可靠性，须对机组进行设备日常维护，包含设备点检与定检。通过对设备的检测、轮换和维护等工作，以便及时发现问题，消除设备隐患，使设备处于良好的状态。

（一）发电电动机点检

点检是在设备不退出备用情况下对设备进行详细深入的专业巡视检查和分析工作。一般通过现场设备巡视与趋势综合分析的形式进行，周期为 1 周，主要包括发电电动机各设备温度检查分析、各轴承与机架振摆情况分析等，详细检查要求见 DL/T 305《抽水蓄能可逆式发电电动机运行规程》、DL/T 751《水轮发电机运行规程》。

（二）发电电动机定检

定检是计划执行的维护、缺陷处理及定期试验工作。结合机组停役，较为全面地检查发电电动机设备运行状况，更换设备易损件及处理相关缺陷，检查周期为 1 个月。主要对发电电动机固定部分检查、转动部分盘车检查、各轴承系统外观与管路检查、发电电动机消防系统检查以及制动系统检查，详细检查项目见 DL/T 305《抽水蓄能可逆式发电电动机运行规程》、DL/T 751《水轮发电机运行规程》。

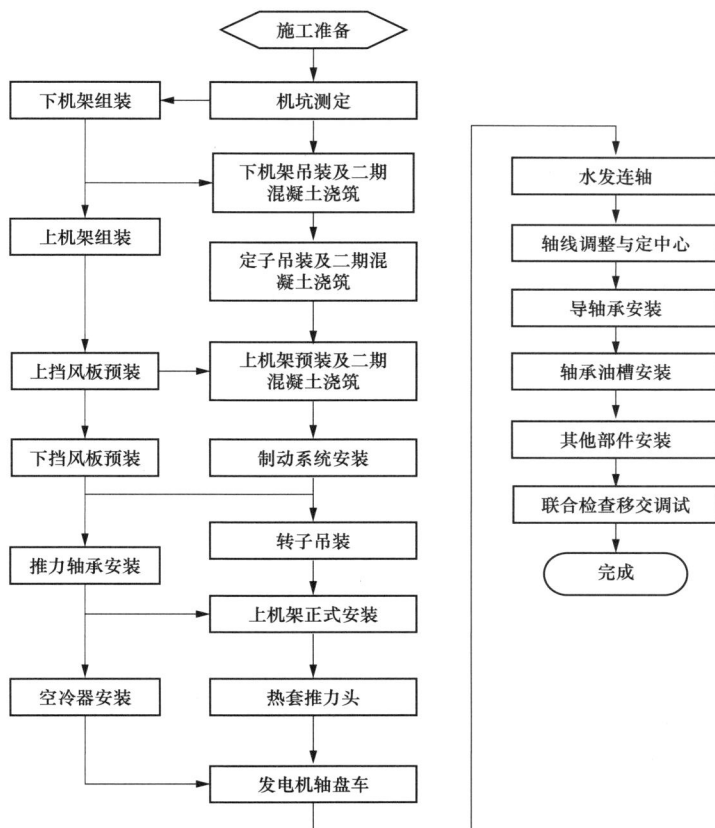

图 1-3-1 发电电动机整体装配流程

三、发电电动机检修

发电电动机检修是为保持或恢复发电电动机规定的性能而进行的检查和修理。

（一）机组检修类别

GB/T 32574《抽水蓄能电站检修导则》中规定以设备检修规模和停用时间为原则，将抽水蓄能电站设备的检修分为 A、B、C、D 四个等级。

1. A 级检修

对设备进行全面的解体检查和修理，以保持、恢复或提高设备性能。

机组进行 A 级检修时，通常将机组进行分解、拆卸、将转子和转轮吊出，检修更换所有被损坏的零部件，更换密封件，有时还要进行较大的技术改造工作。

2. B 级检修

对设备进行部分的解体检查和修理。B 级检修以 C 级检修标准项目为基础，有针对性地解决 C 级检修工期无法安排的重大缺陷。

3. C 级检修

根据设备的磨损、老化规律，有重点地对设备进行检查、评估、修理、清扫。C 级检修可进行零件的更换、设备消缺、调整、预防性试验等作业。

4. D 级检修

设备总体运行状况良好，对主要设备及其附属系统进行的消缺性维修。

5. 定期检修

定期检修是一种以时间为基础的预防性检修，根据设备磨损和老化的统计规律，事先确定检修等级、检修间隔、检修项目、需用备件及材料等的检修方式。定期检修包括 A、B、C、D 级检修。

6. 状态检修

状态检修指根据状态监测和诊断技术提供的设备状态信息，评估设备的状态，在故障发生前进行检修的方式。

7. 故障检修

故障检修指设备在发生故障或失效时进行的非计划检修。

（二）机组检修周期

机组 A 级检修周期为 8～10 年，也可根据设备技术文件要求、国内外同类型机组的检修实践、机组的运行状况、设备实际运行小时数或规定的等效运行小时数等方面进行综合分析、评价后确定。

机组 C、D 级检修周期应为 1 年。C 级检修内无法消除的缺陷和项目，可扩大为 B 级检修；有 A 级检修的年份，应不安排 C 级检修。D 级检修除进行设备和附属系统消缺外，还可根据设备状态的评估结果，安排部分 C 级检修项目。

（三）检修项目的确定

主要设备的检修项目分为标准项目和非标准项目两类。

标准项目为按照规定的检修级别在相应的检修工期内应完成的检修项目，根据 GB/T 32574《抽水蓄能电站检修导则》并结合本厂机组实际情况制定。

非标准项目为标准项目以外的检修项目。

1. A 级检修项目的主要内容

（1）解体、检查、清扫、测量、调整和修理。

（2）监测、试验、校验和鉴定。

（3）按规定需要更换零部件的项目。

（4）按各项技术监督规定的检查和预防性试验项目。

（5）消除设备和系统的缺陷和隐患。

（6）设备技术文件要求的项目。

2. B级检修项目主要内容

（1）清扫、检查和处理易损、易磨部件，必要时进行实测和试验。

（2）按各项技术监督规定检查和预防性试验项目。

（3）针对C级检修无法安排的缺陷和隐患的处理。

（4）设备技术文件要求的项目。

3. C级检修项目的主要内容

（1）清扫、检查和处理易损、易磨部件，必要时进行实测和试验。

（2）按各项技术监督规定检查和预防性试验项目。

（3）针对D级检修无法安排的缺陷和隐患的处理。

（4）设备技术文件要求的项目。

4. D级检修项目的主要内容

D级检修主要是有针对性地消除设备和系统缺陷。

机组及附属设备的检修试验项目、周期、质量要求按GB/T 32574《抽水蓄能电站检修导则》、GB/T 7894《水轮发电机基本技术要求》、GB/T 7596《电厂运行中矿物涡轮机油质量》、GB/T 14541《电厂用矿物涡轮机油维护管理导则》、DL/T 596《电力设备预防性试验规程》、DL/T 817《立式水轮发电机检修技术规程》、DL/T 838《发电企业设备检修导则》、DL/T 1318《水电厂金属技术监督规程》及其他相关规定执行。

发电电动机及附属设备检修主要包含发电电动机固定部分、转动部分、轴承系统、制动系统、消防系统、辅助系统等检修。

A级检修标准项目及质量要求详见GB/T 32574《抽水蓄能电站检修导则》中A.3。

C级检修标准项目及质量要求详见GB/T 32574《抽水蓄能电站检修导则》中A.4。

四、发电电动机试验检测

在发电电动机日常运维工作中，定期开展试验检测，评估发电电动机设备运行状态，及时发现设备存在的缺陷和隐患，保障设备安全稳定运行。发电电动机试验检测主要包括电气设备性能监督、金属监督（金属结构无损检测）、化学监督（轴承润滑油样检测）等，一般结合机组的检修开展相关试验检测工作。

（一）电气设备性能监督

发电电动机电气设备性能监督参照Q/GDW 11150《水电站电气设备预防性试验规程》执行，主要试验有：①定子绕组的绝缘电阻、吸收比或极化指数；②定子绕组泄漏电流和直流耐压试验；③定子绕组的直流电阻；④定子绕组交流耐压；⑤转子绕组回路的绝缘电阻；⑥转子绕组直流电阻；⑦转子绕组交流耐压；⑧转子绕组的交流阻抗和功率损耗；⑨定子铁芯穿心螺杆绝缘电阻测量；⑩发电机组轴承的绝缘电阻。具体试验项目、周期和要求见表1-3-1。

表 1-3-1　　　　　　　　发电电动机电气设备性能监督试验项目、周期和要求

序号	项目	周期	要求	说明
1	定子绕组的绝缘电阻、吸收比或极化指数	1）1 年或小修时。2）大修前、后	1）绝缘电阻值自行规定。若在相近试验条件（温度、湿度）下，绝缘电阻值降低到历年正常值的 1/3 以下时，应查明原因。2）各相或各分支绝缘电阻值的差值不应大于最小值的 100%。3）吸收比或极化指数：环氧粉云母绝缘吸收比不应小于 1.6 或极化指数不应小于 2.0	1）额定电压为 5000～12000V，采用 2500～5000V 绝缘电阻表，额定电压为 12000V 以上，采用 2500～10000V 绝缘电阻表，量程一般不低于 10000MΩ。2）200MW 及以上机组推荐测量极化指数，当 1min 的绝缘电阻在 5000mΩ 以上（在 40℃ 时），可不测量极化指数。3）测量极化指数时，绝缘电阻表在最大挡位下最大输出电流应不小于 1mA
2	定子绕组的直流电阻	1）大修时。2）必要时	1）各相或各分支的直流电阻值，在校正了由于引线长度不同而引起的误差后，相互之间的差别不得大于最小值的 2%。2）换算至相同温度下初次（出厂或交接时）测量值比较，相差不得大于最小值的 2%，超出此限值者，应查明原因	1）在冷态下测量，绕组表面温度与周围空气温度之差不应大于 ±3℃。2）发电机相间（或分支间）差别及其历年的相对变化大于 1% 时，应引起注意。3）电阻值超出要求时，可采用定子绕组通入 10%～20% 额定电流（直流），用红外热像仪查找等方法（仅供参考）。4）必要时，如：——出现差动保护动作又不能完全排除定子故障时；——出口短路后等。5）不同温度下电阻值按下式换算：$R_2 = R_1(T+t_2)/(T+t_1)$，式中 R_1、R_2 分别为在温度 t_1、t_2 下的电阻值；T 为电阻温度常数，铜导线取 235，铝导线取 225
3	定子绕组泄漏电流和直流耐压试验	1）小修时。2）大修前、后。3）更换绕组后。4）必要时	1）试验电压如下： 全部更换定子绕组并修好后：$3.0U_n$（U_n 为额定电压） 局部更换定子绕组并修好后：$2.5U_n$ 大修前 运行 20 年及以下：$2.5U_n$ 大修前 运行 20 年以上：$2.0U_n$～$2.5U_n$ 小修时和大修后：$2.0U_n$	1）应在停机后清除污秽前热状态下进行。处于备用状态时，可在冷态下进行。2）试验电压按每级 0.5U_n 分阶段升高，每阶段停留 1min。3）不符合 1）、2）要求之一者，应尽可能找出原因并消除，但并非不能运行

续表

序号	项目	周期	要求	说明
3	定子绕组泄漏电流和直流耐压试验	1）小修时。 2）大修前、后。 3）更换绕组后。 4）必要时	2）在规定试验电压下，各相泄漏电流的差别不应大于最小值的100%；最大泄漏电流在20μA以下者，相间差值与历次试验结果比较，不应有显著的变化。 3）泄漏电流不随时间的延长而增大	4）泄漏电流随电压不成比例显著增长时，应注意分析。 5）试验时，微安表应接在高压侧，并对出线套管表面加以屏蔽
4	定子绕组交流耐压	1）大修前。 2）更换绕组后	1）全部更换定子绕组并修好后的试验电压如下： 表见下 2）大修前或局部更换定子绕组并修好后试验电压为： 表见下	1）检修前的试验，应在停机后清除污秽前，尽可能在热态下进行。处于备用状态时，可在冷状态下进行。 2）水内冷电机一般应在通水的情况下进行试验，冷却水质应满足制造厂技术说明书中相应要求。 3）在采用变频谐振耐压时，试验频率应为45～55Hz。 4）全部或局部更换定子绕组的工艺过程中的试验电压见JB/T 6204《高压交流电机定子线圈及绕组绝缘耐电压试验规范》或按制造厂规定。 5）采用超低频（0.1Hz）耐压时，试验电压峰值为工频试验电压的1.2倍
5	转子绕组回路的绝缘电阻	1）小修时。 2）大修中转子清扫前、后。 3）大修后电机额定转速时超速试验前、后。 4）必要时	室温时一般不小于0.5MΩ	1）使用1000V绝缘电阻表。 2）必要时，如出口短路后等。 3）转子绕组回路指的是集电环（含集电环）至磁极间的回路
6	转子绕组直流电阻	1）大修时。 2）必要时	与初次（交接或大修）所测结果比较，换算至相同温度下，其差别一般不超过2%	1）在冷态下进行测量，测量时绕组表面温度与周围空气温度之差不应大于±3℃。 2）凸极式转子绕组还应对各磁极线圈间的连接点进行测量。 3）必要时，如出口短路后

序号4 要求栏内表格：

容量（kW或kVA）	额定电压U_n（V）	试验电压（V）
小于10000	380以上	$2U_n+1000$但最低为1500
10000及以上	6000以下	$2.5U_n$
	6000～24000	$2U_n+1000$
	24000以上	$2U_n+1000$或按与制造厂的专门协议

运行20年及以下者	$1.5U_n$
运行20年以上与架空线路直接连接者	$1.5U_n$
运行20年以上不与架空线路直接连接者	$(1.3～1.5)U_n$

序号	项目	周期	要求		说明
7	转子绕组交流耐压	1）凸极式转子大修时和更换绕组后。 2）隐极式转子拆卸护环后，局部修理槽内绝缘和更换绕组后	试验电压如下：		全部更换转子绕组工艺过程中的试验电压值按制造厂规定
			凸极式和隐极式转子全部更换绕组并修好后	额定励磁电压 500V 及以下者为 $10U_n$，但不低于 1500V；500V 以上者为 $2U_n+4000V$	
			凸极式转子大修时及局部更换绕组并修好后	$5U_n$，但不低于 1000V，不大于 2000V	
			隐极式转子局部修理槽内绝缘后及局部更换绕组并修好后	$5U_n$，但不低于 1000V，不大于 2000V	
8	发电机的励磁回路所连接的设备（不包括发电机转子和励磁机电枢）的绝缘电阻	1）小修时。 2）大修时	绝缘电阻值不应低于 0.5MΩ，否则应查明原因并消除		1）小修时用 1000V 绝缘电阻表。 2）大修时用 2500V 绝缘电阻表。 3）回路中有电子元器件设备时，试验时应取出插件或将两端短接。 4）发电机的励磁回路所连接的设备指的是自灭磁开关下端口至电刷之间的设备
9	发电机的励磁回路所连接的设备（不包括发电机转子和励磁机电枢）的交流耐压试验	大修时	试验电压为 1kV		1）可用 2500V 绝缘电阻表测绝缘电阻代替。 2）回路中有电子元器件设备时，试验时应取出插件或将两端短接。 3）发电机的励磁回路所连接的设备指的是自灭磁开关下端口至电刷之间的设备
10	发电机定子铁芯磁化试验	1）重新组装或更换、修理硅钢片后。 2）必要时	1）磁密在 1T 下齿的最高温升不大于 25K，齿或槽的最大温差不大于 15K，单位损耗不大于 1.3 倍参考值，铁芯最大温升不大于 25K。 2）对运行年久的电机自行规定		1）在磁密为 1T 下持续试验时间为 90min，对直径较大的水轮发电机试验时应注意校正由于磁通密度分布不均匀所引起的误差。 建议用红外热像仪测温试验方法及判断标准参照 GB/T 20835《发电机定子铁心磁化试验导则》

序号	项目	周期	要求	说明
11	转子绕组的交流阻抗和功率损耗	大修时	1）阻抗和功率损耗值在相同试验条件下与历年数值比较，不应有显著变化。 2）出现以下变化时应注意： —交流阻抗值与出厂数据或历史数据比较，减小超过10%。 —损耗与出厂数据或历史数据比较，增加超过10%。 —当交流阻抗与出厂数据或历史数据比较减小超过8%，同时损耗与出厂数据或历史数据比较增加超过8%。 —在转子升速与降速过程中，相邻转速下，相同电压的交流阻抗或损耗值发生5%以上的突变时（针对隐极式转子）	1）隐极式转子在膛外或膛内以及不同转速下测量（动态匝间短路测量），凸极式转子对每一个转子绕组测量。 2）每次试验应在相同条件、相同电压下进行，试验电压为220V（交流有效值）或者参考出厂试验和交接试验电压值，但峰值不超过额定励磁电压
12	定子铁芯穿心螺杆绝缘电阻测量	1）大修中。 2）必要时	与初值相比无明显差别，一般不低于100MΩ	用2500V绝缘电阻表或依据制造厂规定。 必要时，如怀疑穿心螺杆绝缘不良时
13	定子绕组绝缘老化鉴定	1）累计运行时间20年以上且运行或预防性试验中绝缘频繁击穿时。 2）必要时	参见DL/T 492《发电机环氧云母定子绕组绝缘老化鉴定导则》	方法参见DL/T 492《发电机环氧云母定子绕组绝缘老化鉴定导则》
14	空载特性曲线	1）大修后。 2）更换绕组后	1）与制造厂（或以前测得的）数据比较，应在测量误差的范围以内。 2）在额定转速下的定子电压最高试验值：水轮发电机为 $1.3U_n$（以不超过额定励磁电流为限）。 3）对于有匝间绝缘的电机最高电压下持续时间为5min	新机交接未进行本项试验时，应在1年内做不带变压器的 $1.3U_n$ 空载特性曲线试验，一般性大修时可以带主变压器试验
15	三相稳定短路特性曲线	1）更换绕组后。 2）必要时	与制造厂出厂（或以前测得的）数据比较，其差别应在测量误差的范围以内	新机交接未进行本项试验时应在1年内做不带变压器的三相稳定短路特性曲线试验
16	发电机定子开路时的灭磁时间常数	更换灭磁开关后	时间常数与出厂试验或更换前相比较应无明显差异	
17	温升试验	1）第一次大修前。 2）定子或转子绕组更换后、冷却系统改进后。 3）必要时	应符合制造厂规定	如对埋入式温度计测量值有怀疑时应用带电测平均温度的方法进行校核

续表

序号	项目	周期	要求	说明
18	发电机组轴承的绝缘电阻	大修时	1）立式水轮发电机组的推力轴承每一轴瓦不得低于100MΩ，油槽充油并顶起转子时，不得低于0.3MΩ。 2）所有类型的水轮发电机，凡有绝缘的导轴承，油槽充油前，每一轴瓦不得不低于100MΩ	用1000V绝缘电阻表进行测量

（二）金属监督

发电电动机金属监督参照 DL/T 1318《水电厂金属技术监督规程》、Q/GDW 46 10002—2016《金属技术监督规程》6.2.4 等要求执行。

主要检测项目如下：

（1）每次 C 级及以上检修应对大轴、转子中心体和支臂、上下机架、灯泡头、推力轴承、风扇叶片、制动环、挡风板等及其附属结构件进行外观检查，对出现异常的部位或有怀疑的部位应进行无损检测、变形测量并做好记录。

（2）每次 B 级及以上检修应对转子中心体和支臂、推力轴承（包含推力头、卡环、镜板）、风扇叶片、制动环等部位按 GB/T 4730《承压设备无损检测》的规定进行渗透检测或磁粉检测，转子中心体和支臂焊缝检测比例不低于 10%，并形成完整的记录。在检修周期内，根据裂纹情况，可适当增加检查次数。

（3）新机组投产后第一次 B 级检修或 A 级检修应对发电机大轴进行外观检查和无损检测，以后每次 A 级检修均进行无损检测；当大轴出现异常情况时，应进行无损检测。

具体的试验项目、周期和要求见表1-3-2。

表1-3-2 发电电动机本体金属监督项目、周期和要求

序号	设备名称	监督项目	周期	监督要求
1	主轴	外观检查	A/C 修	DL/T 1318《水电厂金属技术监督规程》8.2.1
2	主轴	无损检测	A 修	DL/T 1318《水电厂金属技术监督规程》8.2.3
3	发电机转子中心体、支臂焊缝	外观检查	A/C 修	DL/T 1318《水电厂金属技术监督规程》8.2.1
4	发电机转子中心体、支臂焊缝	无损检测	A 修	DL/T 1318《水电厂金属技术监督规程》8.2.2
5	发电（电动）机上下机架	外观检查	A/C 修	DL/T 1318《水电厂金属技术监督规程》8.2.1
6	发电（电动）机上下机架	无损检测	A 修	DL/T 1318《水电厂金属技术监督规程》8.2.2
7	发电机转子中心体、支臂、风扇	外观检查	A/C 修	DL/T 1318《水电厂金属技术监督规程》8.2.1
8	发电机转子中心体、支臂、风扇	无损检测	A 修	DL/T 1318《水电厂金属技术监督规程》8.2.2
9	发电机转子制动环	外观检查	A/C 修	DL/T 1318《水电厂金属技术监督规程》8.2.1
10	发电机转子制动环	无损检测	A 修	DL/T 1318《水电厂金属技术监督规程》8.2.2
11	上挡风板	外观检查	A/C 修	DL/T 1318《水电厂金属技术监督规程》8.2.1

序号	设备名称	监督项目	周期	监督要求
13	下挡风板	外观检查	A/C 修	DL/T 1318《水电厂金属技术监督规程》8.2.1
14	发电（电动）机推力轴承、上导轴承、下导轴承	外观检查	A/C 修	DL/T 1318《水电厂金属技术监督规程》8.2.1
15	发电（电动）机推力轴承、上导轴承、下导轴承	无损检测	A 修	GB/T 22581《混流式水泵水轮机基本技术条件》4.2.3.6、DL/T 297《汽轮发电机合金轴瓦超声检测》或 GB/T 18329.3《滑动轴承多层金属滑动轴承　第 3 部分：无损渗透检验》轴瓦与瓦基的接触面积应不小于 95%，且单个脱壳面积不大于 1%
16	大轴连接螺栓、轴承抗重螺栓、发电机转子磁轭拉紧螺栓、转子轮臂螺栓、机架把合螺栓等	外观检查	A/C 修	DL/T 1318《水电厂金属技术监督规程》中 8.3.1
17	大轴连接螺栓、轴承抗重螺栓、发电机转子磁轭拉紧螺栓、转子轮臂螺栓、机架把合螺栓等	无损检测	A 修或螺栓更换	DL/T 1318《水电厂金属技术监督规程》中 8.3.2/8.3.3/8.3.4

（三）化学监督

发电电动机轴承化学监督项目及周期依据 GB/T 7596《电厂运行中矿物涡轮机油质量》中 3.2、GB/T 14541《电厂用矿物涡轮机油维护管理导则》中 7.2.4，对轴承透平油开展相关试验，具体试验项目、周期和要求见表 1-3-3。

表 1-3-3　　　　　　　发电电动机轴承化学监督项目、周期和要求

序号	监督项目	周期	监督要求
1	外状	2 周	
2	色度	2 周	
3	运动黏度（40℃）（mm²/s）	1 年	
4	酸值（以 KOH 计）（mg/g）	1 年	
5	闪点（开口）（℃）	必要时	
6	颗粒污染等级 SAE AS4059F 级	3 个月	1）GB/T 7596《电厂运行中矿物涡轮机油质量》中 3.2。
7	泡沫性（泡沫倾向/泡沫稳定性）（mL/mL）	2 年	2）GB/T 14541《电厂用矿物涡轮机油维护管理导则》中 7.2.4
8	空气释放值（50℃）（min）	必要时	
9	水分（mg/L）	3 个月	
10	抗乳化性（54℃）（min）	6 个月	
11	液相锈蚀	6 个月	
12	旋转氧弹（150℃）（min）	1 年	
13	抗氧剂含量	1 年	

五、发电电动机典型案例

从各抽水蓄能电站发电电动机发生过的缺陷中选取典型案例，通过学习典型案例，了解机组在生产运行中可能遇到的问题，提高运维人员对发电电动机事故原因分析和处理的能力。

（一）发电电动机转子引线与磁极连接铜排断裂

1. 故障现象

某电站 2 号机组发电方向启动时因励磁升压失败转停机。

2. 原因分析

（1）机组出口电压互感器故障。

（2）励磁转子回路电压电流测量元件或二次回路故障。

（3）转子一次回路故障。

3. 处理过程

（1）检查监控系统报文，确定 2 号机组励磁升压失败。

（2）检查监控系统及故障录波装置，发现机组发电开机起励后，定子无电压。

（3）现场核对监控系统励磁转子回路电压及电流，发现机组起励后，励磁转子回路电压持续为 600V（正常情况空载电压应稳定在 190V 左右），电流持续为 16.4A（正常情况空载电流应稳定在 890A 左右）。

（4）对机组出口电压互感器进行检查，未发现异常。

（5）对励磁转子回路电压电流测量元件及二次回路进行检查，未发现异常。

（6）进入风洞内进行检查，发现转子引线与 1 号磁极连接铜排断裂（见图 1-3-1）。

（7）更换 2 号机组转子引线与 1 号磁极连接断裂故障铜排（见图 1-3-2）。

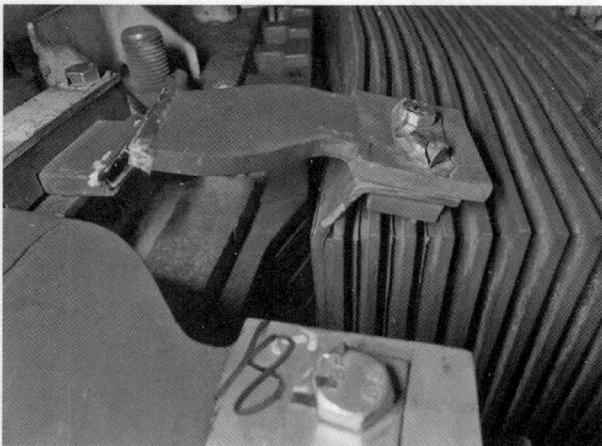

图 1-3-1 转子引线与 1 号磁极连接铜排断裂

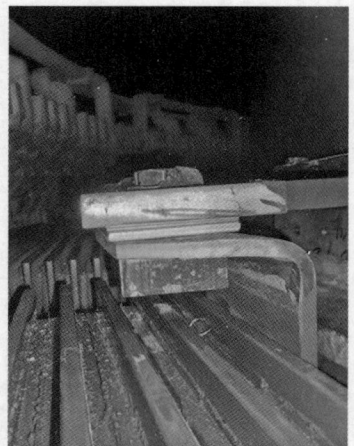

图 1-3-2 更换后的磁极引线

（8）更换 1 号磁极，在转子引线与 1 号磁极引出线间增加镀银铜片（对转子引线和磁极引出线间隙进行调整）。

（9）对转子绝缘、直流电阻进行测试并与上次检修值进行对比，满足标准要求。

（二）轴电流

1. 故障现象

某电站 5 号发电电动机扩大性 B 级检修后调试，在抽水调相启动过程中，转速升至 20% 时，5 号机多次出现轴电流报警，现地检查轴电流报警装置，显示为轴电流 A1（推力）、A2（推力油封）报警。

2. 原因分析

（1）轴电流保护装置故障导致误动作。

（2）推力油杂质过多。

（3）推力轴承销钉、连接螺栓绝缘能力降低导通轴电流测量回路。

（4）高顶管路、推力瓦测温元件（RTD）引线与推力冷却器接触导通轴电流测量回路。

（5）推力绝缘垫绝缘能力降低。

（6）推力油盆与推力瓦间有金属物质搭接。

3. 处理过程

（1）现场使用绝缘电阻表测量推力轴承与大地的绝缘，发现阻值为零，确认在推力轴承处确有接地现象发生，排除轴电流保护装置故障因素。

（2）由于 5 号机刚进行扩大性 B 级检修，推力油换为新油，油化验合格，因此可排除因透平油质量问题导致轴电流保护动作。

（3）逐个拆除推力基础板与轴承座固定销钉、连接螺栓，测量推力绝缘仍为零，排除固定销钉、连接螺栓绝缘问题。

（4）检查高顶环管与推力冷却器无接触，推力瓦测温 RTD 引线防护层无破损，拆除高顶环管后测量绝缘阻值仍为零，排除此原因。

（5）推力轴承有两处绝缘垫，其中上层绝缘垫为两层，下层绝缘垫为五层，且上、下两层绝缘垫在此次检修时均清扫干净，检查无破损，排除推力绝缘垫问题。

（6）拆除高顶环管、推力瓦测温 RTD 及冷却器，推力轴承抽瓦，使用内窥镜对推力基础板与油盆间部位进行检查。检查发现在基础板与推力油盆内壁之间有一细铁丝，该细铁丝将二者连接，造成推力瓦处接地（见图 1-3-3、图 1-3-4）。

（7）测量推力轴承绝缘，满足要求。

（8）回装推力轴承瓦、高顶环管、推力瓦测温 RTD、冷却器及电刷架等，油盆充油。

（三）推力瓦瓦面受损

1. 故障现象

某电站 2 号机发电方向试转启动过程中在导叶开至 2.6% 时无转速。

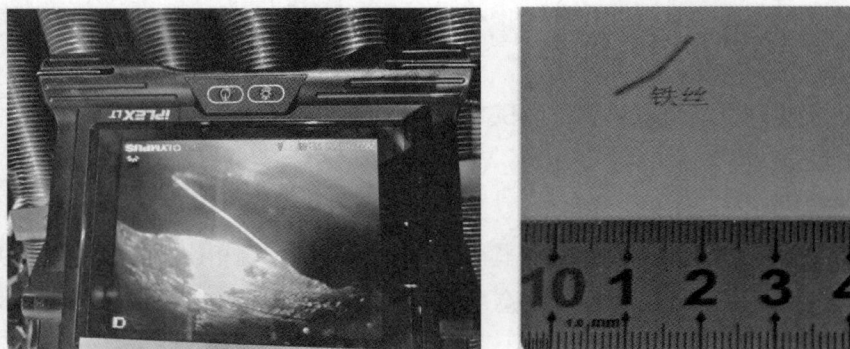

图 1-3-3 检查发现的铁丝

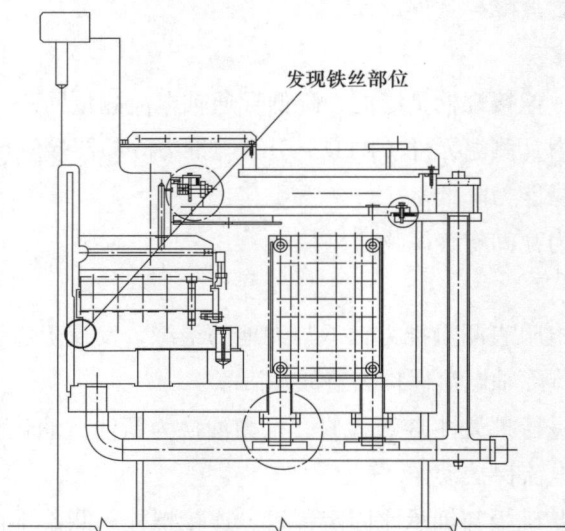

图 1-3-4 故障点所在位置

2. 原因分析

高压油泵启动后，会在瓦面高压油室瞬时形成较大的冲击压力，使镜板和瓦完全脱开，当瓦面边缘有油溢出后，油泵出口压力才逐步下降达到稳态。瞬时冲击压力远大于稳态工作压力。由于溢流阀（安全阀）开启压力整定值偏低，高压油泵启动后，溢流阀动作，在瓦面出口处不能形成足够的冲击压力，使镜板和瓦不能完全脱开，局部不能形成油膜，在低转速时会造成瓦表面磨损。长期反复积累，造成推力瓦表面磨损加剧，造成瓦表面拉伤，磨损的钨金被带入下一块瓦，聚集在进油边，造成瓦面逐步恶化，最终即使在高顶投入的情况下，钨金瓦局部（磨损部位）不能与镜板脱开（见图 1-3-5、图 1-3-6）。

3. 处理过程

（1）更换全部推力瓦，经无损检测合格后回装。

（2）将高压油顶起系统溢流阀整定值调整至 20MPa。

（3）更换并清洗高顶滤油器及滤芯，重新调整机组轴线至合格范围。

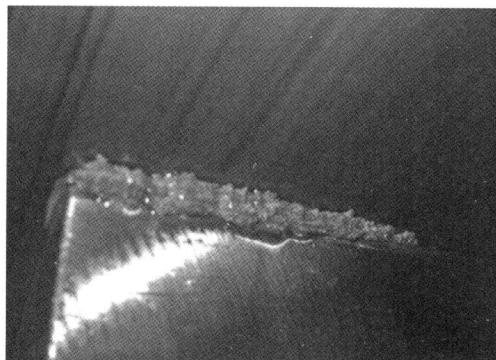

图 1-3-5　推力瓦出现严重磨损

图 1-3-6　受损的推力瓦瓦面

（四）发电电动机机架振动大

1. 故障现象

某电站 1 号发电电动机上机架的振动值超过规定值。

2. 原因分析

（1）振动探头异常。

（2）导轴承摆度大。

（3）机架本体刚度不足。

（4）机架基础连接松动。

3. 处理过程

（1）结合机组调试将上机架 X 方向探头进行更换，更换后振动异常情况依然存在，外接振动探头，所采集到的数据与机组振摆装置所测数据一致。

（2）查看 1 号机组各工况下上导 X/Y 方向摆度值，数值处于 A 区范围，满足 GB/T 32584《水力发电厂和蓄能泵站机组机械振动的评定》的要求。

（3）在上机架 8 个支臂上分别安装水平振动速度传感器（见图 1-3-7，标记处为传感器安装位置），同时从现地振摆监测柜接入上导、下导摆度和键相信号，对抽水工况和发电工况进行振摆数据采集。根据测试结果：发电工况和抽水工况长时间运行后，上机架 X 方向水平振动较 Y 方向明显偏大，且在发电工况时上机架 X 方向水平振动不收敛，初步怀疑机架刚性不足，结合机组定检对上机架焊缝进行外观检查，未发现异常。

（4）检查上机架紧固螺杆未发现松动，检查上机架基础二期混凝土存在裂纹：+Y 方向混凝土顶部裂缝宽度最大，裂缝为水平方向，最大裂缝宽度约 1cm，缝内有混凝土碎块，裂缝较深（见图 1-3-8）；与该裂缝垂直方向向下发育几条细裂缝，向下延伸至上机架埋件。推测该裂缝产生原因为上机架二期混凝土顶部浇筑不密实或混凝土干缩导致，且在机组振动荷载作用下不断增大。

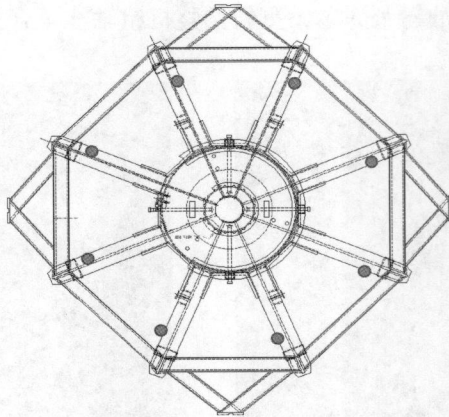

图 1-3-7　上机架振动传感器安装位置

图 1-3-8　上机架 +Y 方向基础二次混凝土裂纹

结合检修对二期混凝土重新浇筑后，上机架振动明显下降。

思 考 题

1. 发电电动机铭牌包含哪些内容？

2. 发电电动机常见的形式有哪些？

3. 各形式的发电电动机有哪些优缺点？

4. 发电电动机主要结构由哪几部分组成？

5. 发电电动机各组成部分有什么作用？

6. 简述发电电动机巡检的目的、作用及必要性。

7. 简述发电电动机消防系统的常见控制逻辑。

8. 发电电动机设备运行温度升高后应从哪几方面进行原因分析？

9. 发电电动机日常维护的类型及内容有哪些?

10. 发电电动机检修类别有哪些?

11. 发电电动机的检修周期及项目如何确定?

12. 发电电动机主要试验检测项目有哪些?

第二章　水泵水轮机运检

本章概述

水泵水轮机是抽水蓄能电站的主要设备之一，其有常规水轮机和水泵的双重功能，起着水能和机械能相互转换的作用。本章主要介绍水泵水轮机运检相关知识，包含水泵水轮机概述、水泵水轮机运行、水泵水轮机检修三部分内容。

学习目标

学习目标	
知识目标	1. 熟悉水泵水轮机相关术语概念及常见形式。 2. 熟悉水泵水轮机结构。 3. 熟悉水泵水轮机各部分承担的作用。 4. 能熟知水泵水轮机本体设备日常巡检内容、周期和巡检标准。 5. 能理解水泵水轮机温度、振摆等参数配置及典型逻辑。 6. 能熟知水泵水轮机设备检修内容和周期。 7. 能理解水泵水轮机装配。 8. 能理解水泵水轮机温度、振摆、流量等参数配置及典型逻辑。 9. 能知道水泵水轮机本体试验检测项目。 10. 能简述顶盖水位高等典型事故处理过程。
技能目标	1. 能独立完成水泵水轮机本体巡检。 2. 能独立完成尾水管排水、充水等水泵水轮机本体操作。

第一节　水泵水轮机概述

一、水泵水轮机术语定义

主要介绍水泵水轮机的工作水头、额定水头、设计水头、额定流量、额定转速等术语定义及铭牌。

（一）术语定义

1. 工作水头

工作水头指正常运行时水轮机进、出口断面的总水头差。

2. 额定水头

额定水头指水轮机在额定转速下发出额定输出功率时的最低水头。

3. 设计水头

设计水头指水轮机在最高效率点运行时的水头。

4. 额定流量

额定流量指水轮机在额定水头、额定转速和额定输出功率下的流量。

5. 额定转速

额定转速指设计时选定的水轮机稳态转速。

6. 飞逸转速

飞逸转速指水轮机处于失控状态，轴端负荷力矩为零时的最高转速。

7. 水轮机效率

水轮机效率指水轮机输出功率与输入功率的比值。

8. 磨蚀

磨蚀指在含沙水流条件下，水力机械通流部件表面受空化和泥沙磨损联合作用所造成的材料损失。

9. 吸出高度

吸出高度指反击式水轮机规定的基准面与尾水位的高差，常用 H_s 表示。

10. 安装高程

安装高程指水力机械所规定安装时作为基准的某一水平面的海拔高程。

11. 运行工况

运行工况指由转速、水头、流量或功率所确定的运行状况。

12. 额定工况

额定工况指根据设计要求和给定的额定参数所确定的基准工况。

13. 空载

空载指机组在额定转速下运行而没有功率输出时的工况。

14. 水泵（总）扬程

水泵（总）扬程指水泵出口与进口断面的总水头差。

（二）铭牌

铭牌标明了水泵水轮机的主要信息以及在正常运行时主要参数的额定数值，主要包括水泵水轮机型号、安装高程、叶片数量、额定转速、额定水头、流量、效率、水轮机工况额定负荷、水泵工况最大入力（水泵工况下机组吸收功率）、飞逸转速等。

二、水泵水轮机形式

主要介绍抽水蓄能机组的类型及水泵水轮机的形式。

（一）抽水蓄能机组的类型

1. 四机分置式

四机分置式是抽水蓄能电站早期所采用的机组形式，水泵和水轮机分别配有电动机和发电机，形成抽水和发电两套分列的机组。

2. 三机串联式

三机串联式抽水蓄能机组的电动机和发电机结合在一个电机之内，即该电机可作电动机用又可作发电机用，称为电动发电机或发电电动机。它与水泵和水轮机串联在一个轴上，抽水时由电动发电机驱动水泵，发电时由水轮机带动电动发电机。

3. 二机可逆式

二机可逆式抽水蓄能机组由可逆水泵水轮机和可逆电动发电机组成。可逆机组的转轮是特殊设计的两用转轮，具有正、反两方向旋转的功能，能满足发电、抽水两种工况运行的要求。大型可逆式水泵水轮机的效率可达93%或以上，中型机组效率可达90%以上。有单级混流式水泵水轮机和多级混流式水泵水轮机之分。

抽水蓄能机组的类型如图2-1-1所示，不同形式的抽水蓄能机组特点见表2-1-1。

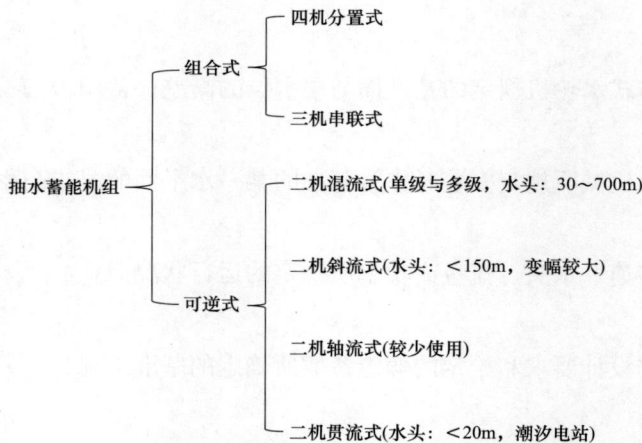

图 2-1-1　抽水蓄能机组的类型

表 2-1-1　　　　　　　　　　　不同形式的抽水蓄能机组特点

机组类型	四机分置式	三机串联式	二机可逆式
特点	为两套机组：一套为电动机—水泵机组；另一套为水轮机—发电机组，两轴	将发电机、水轮机、水泵连接在同一轴上，水轮机与水泵分开布置，发电机兼作电动机，单轴	将发电机和电动机合为一体，水泵和水轮机合为一体，单轴
占用空间	大	较大	小
优点			结构紧凑，造价较小
缺点	布置厂房较长，土建工程量大，投资昂贵	大轴较长，进出水道分开，工程量较大	受水头限制

机组类型	四机分置式	三机串联式	二机可逆式
产生年代	早期	中期	后期

（二）水泵水轮机的形式

水泵水轮机主要包括混流式水泵水轮机、斜流式水泵水轮机、贯流式水泵水轮机和轴流式水泵水轮机。大中型水泵水轮机常用的是混流式水泵水轮机，又包括单级混流可逆式和多级混流可逆式。

1. 混流式水泵水轮机

混流式水泵水轮机在实际应用中占大多数，其结构与常规混流式水轮机相似，适用于中、高水头，从水头 30～40m 直到 600～700m 的范围内都能使用。混流式水泵水轮机组通常都采用立式布置，所有构件都和常规高水头水泵水轮机相似。根据检修拆卸方式可分为上拆、下拆和中拆。

2. 斜流式水泵水轮机

斜流式水泵水轮机的优点是转轮叶片可以调节，故斜流式水泵水轮机适用于中、低水头范围（150m 以下）且水头变化幅度大的场合。

3. 贯流式水泵水轮机

具有双向运行功能的潮汐电站通常使用贯流式水泵水轮机，水头变化一般不超过 15～20m。此类型水泵水轮机可以在两个流向发电，又可以在两个流向抽水，故又称为双向可逆式水泵水轮机。

4. 轴流式水泵水轮机

轴流式水泵水轮机适用于水头低且负荷变化大的电站，使用较少。

三、水泵水轮机结构及作用

主要介绍水泵水轮机的主要组成部分和作用，包含水泵水轮机进口（引水）部分、水泵水轮机导水部分、水泵水轮机转动（工作）部分等内容。

（一）水泵水轮机进口（引水）部分

水泵水轮机进口部分包括进口伸缩节、蜗壳、座环。该部分主要作用是向导水机构均匀供水，使水流在进入导水机构前具有初步的水力环量。

1. 蜗壳

蜗壳位于座环外围。蜗壳上游（含蜗壳延伸管）通过伸缩节与进水阀连接主要作用是在机组作水轮机运行时，蜗壳在座环圆周方向提供均匀的流速不变的压力水流进入转轮；在机组作为水泵抽水时，蜗壳收集转轮所泵出的水流并将水流的动能转换成压能输入引水钢管。

2. 座环

座环主要由上、下厚重环板和固定导叶组成，其下部还有一个座圈（相当于基础环）。

座环的主要作用是承受整个机组及其上部部分混凝土的重力以及水泵水轮机的轴向水推力，并以最小的水力损失将水流引入导水机构，同时座环也是机组安装的基准件。

（二）水泵水轮机导水部分（导水机构）

水泵水轮机导水机构主要包括顶盖、底环、活动导叶、控制环以及连接导叶与控制环的导叶臂、连接板、剪断销等。

该部分主要作用是使水流进入转轮之前形成旋转并改变水流的入射角度；用来调节流量，以改变机组的负荷或入力；正常与事故停机时，用来截断水流。

1. 顶盖

顶盖是水泵水轮机的重要结构件，通常采用优质钢板焊接结构。顶盖是形成流道的组成部分之一，与底环一起形成导水流道，同时起支撑作用，支撑导叶及其操动机构，也是主轴密封以及水轮机导轴承的支承座。

2. 底环

底环也是形成流道的组成部件之一，底环与顶盖、座环共同形成转轮室，通常采用优质钢板焊接结构，支撑导叶重力或其他轴向力，内侧安装有下迷宫环、泄流环等。

3. 活动导叶

活动导叶在可逆式水泵水轮机中有两个作用：一是在水轮机工况下控制机组流量（功率）；二是在水泵工况下调整出口水流方向与蜗壳水流相适应。在两种工况下导叶都有切断水流的作用。导叶的设计一方面要减轻叶型的阻力，同时也要满足两种工况下水流的要求，通常采用硬度较高的不锈钢材料制造的。

4. 剪断销

剪断销的作用是在导叶关闭过程中，如果有异物卡在导叶之间时，阻止了导叶的运动，此时受卡导叶的剪断销将自行破断以保护受卡的导叶及连接件不受损坏，同时确保其余导叶能顺利关闭。

（三）水泵水轮机转动（工作）部分

转动部分主要包括转轮和主轴两大部件，同时还包括联轴螺栓、联轴销、螺栓护罩等小零件。

1. 转轮

转轮是水泵水轮机的核心部件，是水能与机械能相互转换的部件。

转轮包括上冠、叶片和下环等结构，材料通常为精炼铸造不锈钢。转轮必须具有良好的能量特性和抗空蚀特性，这将直接影响电站的经济效益和机组的使用寿命。转轮最容易发生翼型气蚀，最易发生的部位在叶片出水边与转轮的上冠、下环结合处。

2. 主轴

主轴是水泵水轮机的重要部件之一，其作用是承受水轮机转动部分的重力及轴向水推力所产生的拉力，同时传递转轮产生的扭矩。水泵水轮机主轴通常是一根轴结构，当采用中拆方式时，需要增加一个中间轴，变成两根轴结构。主轴主要由上、下法兰及轴身三部分组成，通常为优质合金钢整锻，中空结构。

（四）水泵水轮机水导轴承

水导轴承的作用是承受机组在各种工况下运行时通过主轴传过来的径向力，维持已调好的轴线位置。水导轴承通常由轴瓦、轴承体、内油箱、外油箱、油箱底座及箱盖、空气滤清器等组成。抽水蓄能电站机组通常采用稀油润滑的、巴氏合金的筒式或分块瓦式水导轴承。

（五）水泵水轮机主轴密封

主轴密封分为工作密封和检修密封两部分。工作密封是水泵水轮机中比较脆弱的一套系统，如果设计或运行不当，极易出现密封烧损事故。

1. 主轴工作密封

主轴工作密封的作用是在机组停机、发电或抽水运行时，阻止尾水进入顶盖；在调相时阻止压缩空气从转轮室逸出。主轴工作密封主要可以分为径向自补偿密封和端面水压式密封结构。径向自补偿型结构通常采用三层分段自补偿径向密封块，主要由密封块、弹簧和密封支架构成。端面水压式密封通常由内环、外环、支撑环、密封环、转动环、辅助调节系统、测温 RTD、冷却润滑水系统等部件组成。

2. 主轴检修密封

主轴检修密封的作用是当主轴工作密封损坏或检修投入，切断尾水，防止水淹顶盖及水导轴承。主轴检修密封通常是由支撑法兰、空气围带、压环及控制操作表盘等部件组成。

（六）水泵水轮机出口（泄水）部分

该部分主要作用是将水轮机转轮流出的水排至下游，也有回收能量的作用，主要包括泄流环和尾水管。

1. 泄流环

泄流环位于转轮出口，是尾水管的进口，通常分块拼装在一起，用螺栓把合在底环下部。泄流环与混凝土基础之间有一个空腔，主要是方便装拆下止漏环、测量止漏环间隙以及装拆止漏环测温计。

2. 尾水管

尾水管位于转轮的下方是主要的通流部件。水泵水轮机作水轮机运行时要求尾水管的断面为缓慢扩散型；作水泵工况时则要求吸水管为收缩型。尾水管过流断面从进口到出口均为圆形，与椭圆形或方形断面相比具有更好的刚性，当管壁外围受压，其抗压能力更强，防止翘曲变形。

第二节　水泵水轮机运行

一、水泵水轮机电气控制

（一）水泵水轮机本体电气控制

水泵水轮机本体电气控制包括水泵水轮机振动、摆度、温度、油位、水位、压力等保护逻辑。

1. 振动、摆度

振动、摆度监测包括机组大轴摆度、顶盖振动等振动监测。

各振动测点应设两级越上限信号输出，其中一级越限作用于报警、二级越限作用于报警和水力机械事故停机，停机逻辑应有提高保护动作可靠性的措施，同时应根据机组不同运行状态，合理整定停机出口延时，以避免机组正常开停机、工况转换、穿越振动区、甩负荷等暂态过程误停机。

2. 温度

温度监测包括水导轴承、主轴密封、上下迷宫环等部位温度监测。

各温度测点应设两级越上限信号输出，一级越限、二级越限作用于报警。监测装置或计算机监控系统内的跳闸逻辑应有容错功能。当温度测量回路出现断阻、断线、断电、温度变化率异常等故障时闭锁相应元件的保护出口，出口宜设短延时。

3. 油位、水位

油位、水位监测主要为水导油位、顶盖水位等部位监测。

水导油位测点应设越上限信号输出作用于报警，设两级越下限信号输出，其中一级越限作用于报警、二级越限作用于报警和水力机械事故停机。监测装置或计算机监控系统内的跳闸逻辑应有容错功能。当测量回路出现断阻、断线、断电等故障时闭锁相应元件的保护出口，出口宜设短延时。

顶盖水位测点应设越上限信号输出作用于报警。

4. 压力

压力监测包括水轮机转轮、尾水管、蜗壳等部位压力监测。

各压力测点应设越上限信号输出作用于报警。

（二）水泵水轮机辅助设备电气控制

水泵水轮机辅助设备主要包括技术供水泵、主轴密封增压泵等，均冗余配置，并定期进行主备用切换。

1. 输入信号

输入信号包括各设备监控系统启动令/停止令（开关量）、流量开关信号（开关量）、流量或压力（模拟量）、运行/停止状态（开关量）、故障信号（开关量）等。

2. 输出信号

输出信号包括各设备启动令/停止令（开关量）、流量正常/异常（开关量）、压力正常/异常（开关量）、电源故障（开关量）、驱动故障（开关量）、手动/自动方式（开关量）、运行/停止状态（开关量）、控制系统故障（开关量）等。

3. 控制原则

（1）监控系统在开机过程中，发"启泵令"，等待泵运行且流量正常信号返回。

（2）监控系统在停机过程中，发"停泵令"，等待泵停止的信号返回。

（3）机组在运行过程中，如冗余泵均停止运行，应发报警。

二、水泵水轮机巡检

（一）水泵水轮机本体巡检的一般要求

水泵水轮机本体巡检分为日常巡检和设备特巡，巡检内容主要检查水泵水轮机本体设备运行状态，是否存在紧固部件脱落、连接螺栓及法兰面漏水等外部明显缺陷和其他异常情况，每天进行1～2次。

当发生以下情况时应执行设备特巡：

（1）新投产设备、大修或改造后的设备第一次投运。

（2）机组长时间低负荷运行时。

（3）水轮机大轴摆度或顶盖振动异常变大。

（4）顶盖排水泵出现启动频繁现象。

（二）水泵水轮机本体巡检内容

水泵水轮机本体巡检内容见表2-2-1。

表2-2-1　　　　　　　　　水泵水轮机本体巡检内容

序号	项目	类别	周期	质量标准	项目来源/依据	备注
1	大轴巡视检查	巡检	1天	大轴运行正常，无异声，无异常摆度	《水轮机运行规程》（DL/T 710—2018）6.2.1	
2	顶盖巡视检查	巡检	1天	顶盖无异常积水，顶盖排水泵运行正常	《水轮机运行规程》（DL/T 710—2018）6.2.1	
3	蜗壳巡视检查	巡检	1天	蜗壳进人门螺栓无松动，无渗漏	《水轮机运行规程》（DL/T 710—2018）6.2.1	
4	尾水管巡视检查	巡检	1天	尾水管进人门螺栓无松动，无渗漏	《水轮机运行规程》（DL/T 710—2018）6.2.1	

（三）水泵水轮机本体巡检注意事项

水泵水轮机本体巡检注意事项如下：

（1）进入水车室检查自动化元件时，应注意与转动部分保持距离，戴好耳塞防止噪声。

（2）巡检时穿专用防滑鞋，注意行走路线，防止滑跌磕碰。

三、水泵水轮机操作

（一）运行操作的基本要求

运行操作的基本要求如下：

（1）水泵水轮机并网、解列、工况转换和负荷调整，应在电网调度指令下进行。

（2）正常情况下，水泵水轮机应选择自动方式运行。

（3）水泵水轮机检修后或故障查找时应采用手动方式（现地单步）开机、停机。

（4）具有多台水泵水轮机的电站，应合理轮换安排机组运行。

（5）长时间备用的水泵水轮机，每周安排一次开机运行检查。

（6）严寒地区冬季水库结冰的电站，水泵水轮机启动和运行应有相应的特殊措施。

（7）水泵水轮机应在设计水位范围内运行，注意上下库水位。

（二）水泵水轮机检修隔离操作

水泵水轮机检修隔离操作如下：

（1）机组停机并做好机组电气方面的检修隔离措施。

（2）关闭主进水阀并做好安全隔离措施。

（3）关闭尾水事故闸门及其旁通阀并做好安全隔离措施。

（4）隔离技术供水系统。

（5）隔离转轮室压水供气系统。

（6）投入机械制动装置。

（7）打开蜗壳排水阀、尾水管排水阀。

（8）启动机组检修排水系统，并做好排水泵运行及水位监视。

（9）检查并确认蜗壳和尾水管内水已排空。

（10）切断主轴密封增压泵电源。

（11）切断主轴检修密封供气回路。

（12）切断调速器系统油源。

（13）切断主轴密封润滑水源。

（14）切断水导轴承油（水）源。

（15）做好隔离设备的防误动措施，如拉开电源、加装机械锁定等。

（三）水泵水轮机检修恢复操作

水泵水轮机检修恢复操作如下：

（1）检查并确认水导轴承油位正常，油质合格。

（2）检查并确认尾水管、蜗壳人孔门关闭。

（3）关闭尾水管、蜗壳排水阀。

（4）投入各动力电源、控制电源，顶盖排水泵、漏油泵控制方式于"自动"位。

（5）恢复主轴密封增压泵电源，恢复主轴检修密封供气回路。

（6）恢复调速器系统，压力油罐建压正常。

（7）打开尾水事故闸门旁通阀对尾水管、蜗壳进行充水，检查并确认各部位无漏水，主轴密封装置工作正常。

（8）开启尾水事故闸门。

（9）恢复转轮室压水供气系统、冷却水系统。

（10）恢复主轴密封润滑水源。

（11）恢复水导轴承油（水）源。

（12）恢复主进水阀到备用状态，压力油罐建压正常。

（13）恢复机组电气方面到备用状态，检查并确认机组满足开机条件。

四、水泵水轮机典型事故处理

（一）水导瓦温、油温升高

1. 现象

水导瓦温度、水导轴承油温异常升高。

2. 处理原则

（1）监视导轴承瓦温、油温、油位、油色及冷却水压力、流量变化情况。

（2）检查确认是否为 RTD 故障，若经确认为 RTD 故障且该故障会引起事故停机，应立即通知运维人员解开事故停机保护端子并汇报分管生产领导；若不会引起事故停机，则加强监视，等停机后通知运维人员处理。

（3）检查循环油系统压力、流量及供、排油阀位置，必要时进行调整。

（4）检查大轴摆度情况，可申请适当调整负荷，并加强监视水导油温和瓦温。

（5）若温度有继续上升趋势，申请停机处理，通知分管领导及有关部门负责人及值长。

（二）水导油位异常

1. 现象

机组稳定运行过程中水导油位异常。

2. 处理原则

（1）上位机检查水导油位其他各信号是否正确，现场检查水导设备实际运行情况，经确认水导油位实际情况正常，则允许机组继续运行并加强监视，等停机后通知运维人员处理。

（2）水导油位实际存在异常升高，应现场检查水导油槽是否存在进水情况，若是油混水导致油位异常升高，应经分管领导同意，申请转移负荷停机，通知运维人员处理。

（3）水导油位实际存在异常降低，应现场检查水导设备透平油是否存在渗漏或者溢出，如情况较轻，在不影响机组安全运行情况下，让机组继续运行并加强监视，待机组停下后，通知运维人员处理；如情况严重，则需经分管领导同意，申请转移负荷，停机通知运维人员处理。

（三）顶盖水位高

1. 现象

机组稳定运行过程中，水泵水轮机顶盖水位异常升高，顶盖水位高报警。

2. 处理原则

（1）现场检查顶盖实际积水情况，经确认为顶盖液位传感器故障导致，应通知有关运维人员停机后再进行处理。

（2）现场检查顶盖水位实际存在异常偏高，检查顶盖排水泵是否故障，电源是否合上，控制方式是否正确。

（3）现场检查顶盖自流排水孔是否堵塞，必要时进行清理。

（4）如现场经以上处理后顶盖积水仍存在异常升高情况，经分管领导同意申请停机转移负荷，并通知运维人员进行处理。

第三节　水泵水轮机检修

一、水泵水轮机装配

主要介绍水泵水轮机本体装配、导水机构装配、水导轴承装配、主轴密封及止漏环装配等内容。

（一）水泵水轮机本体装配

（1）混流式水轮机分瓣转轮应按专门制定的组焊工艺进行组装、焊接及热处理，并符合下列要求：

1）转轮下环的焊缝不允许有咬边现象，按制造厂规定进行探伤检查，应符合要求。

2）设备组合面应光洁、无毛刺。合缝间隙用 0.05mm 塞尺检查，不能通过；允许有局部间隙，用 0.10mm 塞尺检查，深度不应超过组合面宽度的 1/3，总长不应超过周长的20%；组合螺栓及销钉周围不应有间隙。组合缝处安装面错牙一般不超过 0.10mm。

3）上冠法兰下凹值不大于 0.07mm/m，上凸值不应大于 0.03mm/m，最大不得超过0.06mm。对于主轴采用摩擦传递力矩的结构，一般不允许上凸。

4）下环焊缝处错牙不应大于 0.5mm。

5）分瓣叶片及叶片填补块安装焊接后，叶型应符合设计要求。

6）止漏环在工地装焊前，安装止漏环处的转轮圆度应符合设计要求；装焊后，止漏环应贴合严密，焊缝质量符合设计要求。止漏环需热套时，应符合设计要求。

7）分瓣转轮止漏环磨圆时，测点不应少于 32 点。

8）分瓣转轮应在磨圆后要做静平衡试验。试验时应带引水板，配重块应焊在引水板下面的上冠顶面上，焊接应牢固。

（2）主轴与转轮连接，应符合下列要求：

1）法兰组合面应无间隙，用 0.03mm 塞尺检查，不能塞入。

2）法兰护罩的螺栓凹坑应填平。

3）泄水锥螺栓应点焊牢固，护板焊接应采取防止变形措施，焊缝应磨平。

（3）转动部件就位安装技术要求：

1）主轴和转轮吊入机坑后的放置高程，一般应较设计高程略低，其主轴上部法兰面与吊装后的发电机轴下法兰止口底面，应有 2～6mm 间隙。对于推力头装在水轮机主轴上的机组，主轴和转轮吊入机坑后的放置高程，应较设计高程略高，以使推力头套装后与镜板有 2～5mm 的间隙。主轴垂直度偏差一般不大于 0.05mm/m。

2）当水轮机或发电机按实物找正时，应调整转轮的中心及主轴垂直，使其止漏环间隙符合要求，主轴垂直度偏差不应大于 0.02mm/m。

3）转轮安装的最终高程、各止漏环间隙或叶片与转轮室的间隙满足允许偏差要求。

4）机组联轴后两法兰组合缝应无间隙，用 0.03mm 塞尺检查，不能塞入。

（二）导水机构装配

1. 顶盖结构及装配

水泵水轮机顶盖普遍采用钢板焊接结构，同时顶盖作为水泵水轮机的主要支撑部件，为保证足够的强度和刚度，通常采用箱体双法兰结构，同时加高顶盖的高度并采用足够数量和厚度的支撑肋板，以减小高压下的变形。

作为水泵水轮机的主要支承部件，顶盖布置在导水机构过流通道的上部，通过法兰螺栓与座环上部法兰紧固连接，需要具有足够的强度和刚度承受机组各种运行工况的水压力和水压脉动，其内侧支承着水导轴承、内顶盖、主轴密封、检修密封、顶盖排水泵、顶盖均压管、顶盖排气回水管等，上部支承着控制环、导叶及导叶操动机构，下部安装有上迷宫环、顶盖抗磨板等。

顶盖上法兰设有一定数量的与座环连接的螺栓孔，与座环接触面设计一定数量的密封条，通过固定螺栓使顶盖与座环进行连接，密封条则避免流道内的水溢流到水车室内。为减小上迷宫环后机组轴向水推力，顶盖内部一般会对称布置一定数量的均压管孔口，该管与尾水管连接以减小转轮与顶盖之间的水压力。顶盖内部一般会均匀设置一定数量的上迷宫环间隙测量孔，以便在机组安装和检修时，通过检查孔检查转轮与顶盖固定止漏环之间的间隙。为了测量导叶与转轮之间（无叶区）、转轮与顶盖之间、上迷宫环外侧和内侧的压力或压力脉动，在顶盖上会设置了一定数量的压力测压点。

2. 底环结构及装配

底环通常采用优质钢板焊接，布置在导水机构过流通道的下部，过流表面也堆焊一层不锈钢层，通过法兰螺栓与座环下部法兰紧固连接，支承导叶重力或其他轴向力，内侧安装有下迷宫环、底环抗磨板和泄流环等。

有些电站底环是埋入式的，安装后不可拆出。其好处在于埋入式底环直接与混凝土基础接触振动减小，使机组运行更稳固，并且可以减少运行噪声。为避免导叶下轴套密封失效导致压力水跑至活动导叶下端面造成导叶异常浮起，通常会在下轴套下端设计导叶自流排水孔。为了测量导叶与转轮之间（无叶区）、转轮与顶盖之间、上迷宫环外侧和内侧的压力或压力脉动，在底环上也会设置了一定数量的压力测压点。

3. 活动导叶结构及装配

活动导叶由转轴与瓣体组成，通过操作活动导叶可以控制机组流量，调节机组负荷（在水泵模式下，人力基本不可调，导叶开度与扬程协联）。活动导叶应有足够的强度和刚度，在各种运行工况下都能安全工作，在可能产生的最大水压条件下和最快关闭最大水流条件下，均不会出现任何损坏或产生有害变形。活动导叶多采用耐腐蚀不锈钢整铸结构。作为过流部分的瓣体设计成翼型结构，发电方向进水变较厚，出水边较薄。

为保证活动导叶在操动机构控制下平稳、灵活转动，导叶采用三轴承支撑方式，即在导叶上、中、下三轴径处各设置一个轴承，与上述顶盖及底环轴套配合。轴承材料一般采用自润滑轴承，有非金属自润滑轴承或金属自润滑轴承。

在导叶关闭位置，相邻导叶首尾相接。导叶的立面间隙一般为0。通过接力器给导叶施加一定的压紧力（表现为接力器压紧行程），使其在机组停机期间具有更好的封水作用。

（三）水导轴承装配

1. 水导轴承的装配时机

当机组盘车及推力瓦受力调整均合格后，可以进行各部导轴承（包括水导轴承）的安装。导轴承在安装前，首先调整整个机组的转动部分的中心，使水轮机止漏环和发电机空气间隙均匀，主轴处于机组的中心位置。如果转轴稍有偏心，其值如果小于各导轴承该方位应调的最小单侧间隙，也可以进行安装工作。

2. 水导轴承装配的内容

水导轴承的装配，为机组安装的其中一个工序，因此其安装时机应服从于整体机组的安装进度。装配内容一般包括水导支架的固定、轴承固定部件的安装、内置冷却器等内部设备的安装、轴瓦的安装与间隙调整、轴承盖板与自动化元件的安装等。轴瓦的安装与间隙调整是水导轴承的重要安装内容，其他内容与一般安装工艺相同。

（四）主轴密封及止漏环装配

1. 主轴工作密封装配（轴向水压平衡式机械密封）

（1）主轴工作密封的作用是阻止流道内的水进入顶盖；在调相工况时阻止压缩空气从转轮室逸出。由外环、操作环、密封环、不锈钢转动环、操作环限位块、导向杆、辅助气缸、测温 RTD、磨损位置机械/电子指示及其辅助系统等组成。

（2）外环为两瓣把合结构，安装于检修密封支承法兰上。

（3）操作环（内环）为两瓣把合"L"形结构，其下部安装有密封环。在操作环上设有温度 RTD 安装孔和密封环冷却水供水孔。在操作环与外环接触面装有 $\phi 16mm \times 4mm$ 的空心密封；外环、操作环与密封环一起形成主轴密封的密封腔。在操作环上装有限位块和导向杆，可使密封环在磨损时或者受机组旋转带动时操作环能均匀上下移动。

（4）在外环上设有辅助气缸，气缸压在操作环上，使得操作环受到向下的压力，当调相工况时主轴密封的密封腔内气、水共存，压力不稳定时，辅助气缸可有效保证密封环不会抬起。

2. 主轴检修密封装配（空气围带）

（1）检修密封由支承法兰、空气围带、不锈钢压环及控制操作表盘等构成。严禁在机组未停稳时投入检修密封，否则会磨坏橡胶空气围带。

（2）检修密封支承法兰通过螺栓把合在机组顶盖上，其一圈凹槽内安装空气围带，上部装设不锈钢压环，使空气围带上下贴紧安装在密封槽内。

（3）检修密封支承法兰内设有空气围带供气管孔，当管孔内联通主轴检修密封供气时，空气围带受挤压而向内部移动，其前端贴住安装在主轴上的不锈钢转动环侧面，从而密封住尾水进入顶盖，当主轴检修密封供气取消时，空气围带会回缩，恢复正常状态。

3. 上止漏环装配

（1）在顶盖下部与转轮上止漏环相应的位置装有梳齿形状的上止漏环，上止漏环是机组的安装中心。

（2）上止漏环通过螺栓把合在顶盖上，其下部插入转轮对应区域，形成梳齿结构。上止漏环与转轮处的间隙可通过拆除顶盖上的堵头进行测量。

（3）梳齿结构由凸头与凹槽组成的狭窄而曲折的水道，水流经过一个梳齿压力就会降低，流动方向不断改变，在间隙扩大的流室内产生涡流，速度不断减弱，这样连续通过 3 道减压后，水流压力明显降低。

4. 下止漏环装配

（1）底环上与转轮下止漏环相应的位置装设下止漏环。

（2）下止漏环形式为阶梯式，通过螺栓把合在底环上。下止漏环与转轮处的间隙可通过拆除尾水锥管上的堵头进行测量。

二、水泵水轮机日常维护

水泵水轮机的日常维护，包括点检、定检。点检指设备主人在水泵水轮机设备不退出备用情况下对其进行详细深入的专业巡视检查和分析工作，每周进行 1 次。定检主要是结合机组月度停役计划执行的维护、缺陷处理及定期试验工作，并执行点检项目，每月进行 1 次。

（一）水泵水轮机本体日常维护

水泵水轮机本体日常维护主要包含转轮上下腔排气管及其管路阀门、弯头、连接法兰检查，蜗壳排水阀及其管路、弯头、连接法兰检查，蜗壳进人门及其紧固螺栓检查，尾水进人门及其紧固螺栓，尾水管水位测量管路及阀门检查，顶盖排水系统功能检查等项目。

（二）导水机构日常维护

导水机构日常维护主要包含导水机构本体检查、导叶摩擦装置检查、导叶位置开关检查、控制环抗磨板检查、导水机构供油管路检查等。

（三）水导轴承日常维护

水导轴承日常维护主要包含轴承瓦温、摆度检查分析，轴承润滑油油位检查，轴承润滑油油色检查，螺钉、销钉等紧固检查，轴承外循环系统检查，外循环系统过滤器检查更换等，如水导轴承采用外加泵循环方式的，还应定期对外循环泵进行主备用切换试验，以免在事故情况下备用泵无法正常工作。

（四）主轴密封及止漏环日常维护

主轴密封及止漏环定期试验项目包含主轴密封增压泵试运行，主轴密封供水过滤器试运行，止漏环供水过滤器试运行，止漏环供水电动阀试运行等，点检项目通常包含主轴密封及止漏环运行趋势检查分析，定检时会进行主轴密封磨损量检查、主轴密封及止漏环管路检查等。

（五）调相压水设备日常维护

调相压水设备的日常维护，通常利用月度定检、机组停机备用等时机对调相压水设备进行一些工作时间较短、难度不大的维护、检查和分析工作，保证调相压水设备的稳定运行，主要包含压水气罐外观检查，管路及阀门检查，压力开关、压力变送器及压力表检查等项目。

（六）水泵水轮机辅助设备日常维护

水泵水轮机辅助设备日常维护主要包含顶盖排水泵及水位计检查处理，尾水水位计及过滤器清扫、检查，水泵水轮机及其附属设备控制柜、端子箱、模块清扫，水泵水轮机端子箱端子紧固，冷却水压力开关检查、校验等项目。

三、水泵水轮机检修

水泵水轮机检修是为保持或恢复水泵水轮机规定的性能而进行的检查和修理。

（一）机组检修类别

GB/T 32574《抽水蓄能电站检修导则》中规定以设备检修规模和停用时间为原则，将抽水蓄能电站设备的检修分为 A、B、C、D 四个等级。

1. A 级检修

对设备进行全面的解体检查和修理，以保持、恢复或提高设备性能。

机组进行 A 级检修时，通常将机组进行分解、拆卸、将转子和转轮吊出，检修更换所有被损坏的零部件，更换密封件，有时还要进行较大的技术改造工作。

2. B 级检修

对设备进行部分的解体检查和修理。B 级检修以 C 级检修标准项目为基础，有针对性地解决 C 级检修工期无法安排的重大缺陷。

3. C 级检修

根据设备的磨损、老化规律，有重点地对设备进行检查、评估、修理、清扫。C 级检修可进行零件的更换、设备消缺、调整、预防性试验等作业。

4. D 级检修

设备总体运行状况良好，对主要设备及其附属系统进行的消缺性维修。

5. 定期检修

一种以时间为基础的预防性检修，根据设备磨损和老化的统计规律，事先确定检修等级、检修间隔、检修项目、需用备件及材料等的检修方式。定期检修包括 A、B、C、D 级检修。

6. 状态检修

根据状态监测和诊断技术提供的设备状态信息，评估设备的状态，在故障发生前进行检修的方式。

7. 故障检修

设备在发生故障或失效时进行的非计划检修。

（二）机组检修周期

机组 A 级检修周期为 8～10 年，也可根据设备技术文件要求、国内外同类型机组的检修实践、机组的运行状况、设备实际运行小时数或规定的等效运行小时数等方面进行综合分析、评价后确定。

机组 C、D 级检修周期应为 1 年。C 级检修内无法消除的缺陷和项目，可扩大为 B 级检修；有 A 级检修的年份，应不安排 C 级检修。D 级检修除进行设备和附属系统消缺外，还可根据设备状态的评估结果，安排部分 C 级检修项目。

（三）检修项目的确定

主要设备的检修项目分为标准项目和非标准项目两类。标准项目为按照规定的检修级别在相应的检修工期内应完成的检修项目，根据 GB/T 32574《抽水蓄能电站检修导则》并结合本厂机组实际情况制定。非标准项目为标准项目以外的检修项目。

1. A 级检修项目的主要内容

（1）解体、检查、清扫、测量、调整和修理。

（2）监测、试验、校验和鉴定。

（3）按规定需要更换零部件的项目。

（4）按各项技术监督规定的检查和预防性试验项目。

（5）消除设备和系统的缺陷和隐患。

（6）设备技术文件要求的项目。

2．B级检修项目主要内容

（1）清扫、检查和处理易损、易磨部件，必要时进行实测和试验。

（2）按各项技术监督规定检查和预防性试验项目。

（3）针对C级检修无法安排的缺陷和隐患的处理。

（4）设备技术文件要求的项目。

3．C级检修项目的主要内容

（1）清扫、检查和处理易损、易磨部件，必要时进行实测和试验。

（2）按各项技术监督规定检查和预防性试验项目。

（3）针对D级检修无法安排的缺陷和隐患的处理。

（4）设备技术文件要求的项目。

4．D级检修项目的主要内容

D级检修主要是有针对性地消除设备和系统缺陷。

机组及附属设备的检修试验项目、周期、质量要求按GB/T 32574《抽水蓄能电站检修导则》、GB/T 15468《水轮机基本技术条件》、GB/T 15469.2—2007《水轮机、蓄能泵和水泵水轮机空蚀评定第2部分：蓄能泵和水泵水轮机的空蚀评定》、DL/T 817《立式水轮发电机检修技术规程》、DL/T 1066《水电站设备检修管理导则》、DL/T 838《发电企业设备检修导则》、DL/T 1318《水电厂金属技术监督规程》及其他相关规定执行。

水泵水轮机及附属设备检修主要包含转轮与主轴、导水机构、水轮机导轴承、蜗壳及尾水管、主轴密封、上下迷宫环、尾水压气系统、机组技术供水系统等检修。

A级检修标准项目及质量要求详见GB/T 32574《抽水蓄能电站检修导则》中A.1。

C级检修标准项目及质量要求详见GB/T 32574《抽水蓄能电站检修导则》中A.2。

四、水泵水轮机试验检测

在水泵水轮机日常运维工作中，定期开展试验检测，评估水泵水轮机设备运行状态，及时发现设备存在的缺陷和隐患，保障设备安全稳定运行。水泵水轮机试验检测主要包括水机监督、热工监督、金属监督（金属结构无损检测）、化学监督（轴承润滑油样检测）等技术监督检测项目以及导叶摩擦轴衬试验、导叶剪断销试验、导叶静水开关试验、耐压试验等设备试验项目，一般结合机组的检修开展相关试验检测工作。

（一）水机监督

水机监督参照Q/GDW 11301《水机技术监督导则》、Q/GDW 11302《水轮机控制系统检修试验导则》等要求执行。

水机监督范围包括水轮发电机组、水轮机控制系统及油压装置、主进水阀、油气水系统等设备，包括机组稳定性、轴承特性、压力脉动特性、转轮叶片空化磨损裂纹特性、水轮机模型试验、机组机械性能（效率、温升）、水轮机控制系统及油压装置特性、主进水阀特性、油气水系统设备特性和调节保证特性等内容。试验与检测项目包括机组稳定性试验、转轮叶片操作试验和严密性耐压试验（转桨式机组）、机组冷却器耐压试验、导叶漏水量测量、真空破坏阀、中心补气阀试验等项目。

（二）热工监督

热工监督范围包括压力、温度、转速等计量标准设备、试验设备，用于温度、压力、液位、流量、转速、振动、位移等非电量监测的传感器、信号器、显示仪表等监测设备及二次回路，以及用于调节工作介质参数和执行工作介质通断或换向控制的电磁阀、电动阀、液压操作阀门等执行、调节机构。水泵水轮机热工监督试验和检测项目包括温度元件校验、压力表/压力开关/压力变送器校验、压力容器用压力表检定、流量元件校核、振动传感器检验、摆度传感器检验、行程开关/位置开关/位移监测元件校核、机械过速开关校验等。

（三）金属监督

水泵水轮机金属监督参照 DL/T 1318《水电厂金属技术监督规程》、Q/GDW 46 10002—2016《金属技术监督规程》6.2.4 等要求执行。

水泵水轮机金属监督范围主要包括大轴、转轮（桨叶）、泄水锥、转轮室（排水环）、导叶及操动机构（包含连杆、转臂、控制环、接力器、重锤吊杆吊耳）、蜗壳、管型座、顶盖、座环、底环、基础环、尾水管里衬等及其附属结构件；螺栓紧固件包括大轴连接螺栓、转轮连轴螺栓、顶盖螺栓、主轴密封螺栓、蜗壳和尾水人孔门螺栓、转轮室连接螺栓等。

（四）化学监督

水泵水轮机轴承化学监督项目及周期依据 GB/T 7596《电厂运行中矿物涡轮机油质量》中 3.2、GB/T 14541《电厂用矿物涡轮机油维护管理导则》中 7.2.4，对轴承透平油开展相关试验，具体试验项目、周期和要求见表 2-3-1。

表 2-3-1　　　　　水泵水轮机轴承化学监督项目、周期和要求

序号	监督项目	周期	监督要求
1	外状	2 周	（1）GB/T 7596《电厂运行中矿物涡轮机油质量》中 3.2。 （2）GB/T 14541《电厂用矿物涡轮机油维护管理导则》中 7.2.4
2	色度	2 周	
3	运动黏度（40℃）（mm^2/s）	1 年	
4	酸值（以 KOH 计）（mg/g）	1 年	
5	闪点（开口）（℃）	必要时	
6	颗粒污染等级 SAE AS4059F 级	3 个月	
7	泡沫性（泡沫倾向/泡沫稳定性）（mL/mL）	2 年	

序号	监督项目	周期	监督要求
8	空气释放值（50℃）（min）	必要时	（1）GB/T 7596《电厂运行中矿物涡轮机油质量》中3.2。 （2）GB/T 14541《电厂用矿物涡轮机油维护管理导则》中7.2.4
9	水分（mg/L）	3个月	
10	抗乳化性（54℃）（min）	6个月	
11	液相锈蚀	6个月	
12	旋转氧弹（150℃）（min）	1年	
13	抗氧剂含量	1年	

（五）导叶摩擦轴衬试验

当导水机构装配中设置导叶摩擦保护装置时，可进行导叶摩擦轴衬试验。导叶摩擦轴衬试验的部件包括导叶臂、连接板、摩擦轴衬、连接螺栓及试验工具等。导叶摩擦轴衬试验的工艺过程及主要内容如下：

（1）导叶臂、连接板和摩擦轴衬装配到一起后，摆放到试验工具上的适当位置，试验工具上的支撑1需与导叶臂侧面相接触。

（2）按预紧力要求对连接板上的连接螺栓进行预紧，并测量连接螺栓的伸长值，连接螺栓的伸长值应符合预紧力的要求。

（3）在连接板与支撑2之间摆放外力装置，外力装置（外力装置上须有显示或记录外力大小的仪器）应与连接板外圆平面相接触。

（4）通过外力装置对连接板施加外力，转动连接板，当连接板持续转动时，记录外力装置显示的外力大小值。

（5）至少对三组导叶臂、连接板、摩擦轴衬、连接螺栓进行导叶摩擦轴衬试验，并进行数据采集。

（6）采集的导叶摩擦轴衬试验数据应符合设计要求。

（六）导叶剪断销试验

导叶剪断销试验主要验证剪断销的设计是否达到设计要求，在紧急状态下能否断裂，保护导叶及其操动机构。导叶剪断销试验的部件与导叶摩擦衬实验的部件基本一致。导叶剪断销试验的工艺过程及主要内容如下：

（1）导叶臂、连接板和摩擦轴衬装配到一起后，摆放到试验工具上的适当位置，试验工具上的支撑1需与导叶臂侧面相接触。

（2）装入剪断销后，按预紧力要求对连接板上的连接螺栓进行预紧，并测量连接螺栓的伸长值，连接螺栓的伸长值应符合预紧力的要求，连接螺栓预紧后，剪断销应能自由取出和放入。

（3）在连接板与支撑2之间摆放外力装置，外力装置（外力装置上须有显示或记录外力大小的仪器）应与连接板外圆平面相接触。

（4）通过外力装置对连接板施加外力，转动连接板，当剪断销剪断时，记录外力装置显示的外力大小值。

（5）至少对三组导叶臂、连接板、摩擦轴衬、连接螺栓和剪断销进行导叶摩擦轴衬试验，并进行数据采集。

（6）采集的导叶剪断销试验数据应符合设计要求。

（七）导叶静水开关试验

导叶静水开关试验，可以检查导水传动机构等是否顺畅，各部件有无异响等，同时可以检查调速器静态动作是否正常，测量导叶关闭时间、动作速率，进行调速器的一系列试验。

试验时需保证进水球阀在可靠的全关位置，球阀紧停阀动作，同时把调速器设定为手动，手动退出导叶全关位置液压锁定、复归调速器紧急停机阀。通过电调手动开关导叶。

（八）耐压试验

耐压试验通常采用手动、电动或气动打压泵进行，打压对象容量较小时一般使用手动打压泵，容量较大时一般使用电动或气动打压泵。在进行耐压试验时要注意以下几点：

（1）打压泵的压力表必须经过校验合格。压力表量程范围必须在合适的范围内，如压力表量程过大而实际试验压力较小，可能导致在某些情况下，实际压力已经达到了试验压力而压力表尚未有变化。

（2）打压泵必须能够可靠保压，否则无法区分是打压泵故障还是打压对象的故障，因此打压试验前应先测试打压泵的保压情况。

（3）容量较大的打压对象（如管路、冷却器等）应先注满水，因为通常打压泵的流量较小，使用打压泵进行注水需要的时间较长。

（4）应在打压对象最高点或合适位置装设排气堵头或阀门，以便在打压时将内部的空气排出，否则可能导致压力迟迟无法升高或试验压力反复波动。如果打压对象上无法装设排气堵头或阀门，可通过重复打压—泄压—打压过程，通过泄压来排出部分气体，这一方法仅适用于容积不大、形状较为规则的打压对象。

（5）对管路进行打压时，应保证管路可靠隔离，如隔离阀门应确认无渗漏，否则应使用盲板或堵头等可靠封堵。

（6）打压时应注意管路系统内隐蔽空间，如阀门的闸室等，这些区域充压较慢，不能把这些区域充压导致的压力下降误判为打压泄漏。

五、水泵水轮机典型案例

从各抽水蓄能电站水泵水轮机及其辅助设备发生过的缺陷中选取典型案例，通过学习典型案例，了解机组在生产运行中可能遇到的问题，提高运维人员对水泵水轮机及其辅助设备事故原因分析和处理的能力。

（一）水泵水轮机转轮叶片出现裂纹

1. 故障现象

某抽水蓄能电站 1 号机组 C 级检修过程中金属监督 TV 检测中发现 1 号叶片工作面进水边与下环焊缝根部有一处表面裂纹，长约 40mm，裂纹宽度使用 0.02mm 塞尺无法进入。对表面裂纹进行打磨，打磨深度至 5mm 时，发现在裂纹上有气孔出现。随后对此裂纹进行了 UT（超声波）探伤，初步测定结果：该缺陷为线状裂纹，为焊缝内部缺陷，暂未扩展到转轮过流表面，沿焊缝长度方向裂纹长 70mm（不连续），距转轮过流表面平均深度 27.1mm，裂纹本身深度 1.9～15.7mm 不等。

2. 原因分析

转轮制造过程中，由于焊接质量控制不严，导致转轮叶片进水边与下环焊缝根部存在气孔，运行过程中气孔部位应力集中，产生裂纹。

3. 处理过程

（1）首先使用碳弧气刨的方式将裂纹彻底去除干净。

（2）TV 探伤确认裂纹缺陷被完全清除，之后做出单面 V 形焊接坡口，需打磨出金属表面光泽。

（3）清除焊接区及附近 20mm 范围内的有害污物及杂质。

（4）焊前预热：对补焊区域及相邻约 150mm 范围内的母材应预热至不低于 100℃，可根据现场的实际情况采用火焰加热的方式进行。

（5）在焊接时，尽量采用较小的焊接规范进行镶边焊，以达到减小焊缝金属的脆化倾向和降低焊接残余应力的目的；由于补焊区域焊后无法进行热处理，因此补焊操作时应采用窄焊道（最大宽度 15～20mm）、薄焊层（每层最大厚度 2～5mm）。盖面层焊接完成后应使用回火焊道技术，即当盖面层焊接完成后，在盖面层上再焊接一层以达到对盖面层焊道进行回火的目的，回火焊道只能焊接在盖面层上且不能与两侧的母材相接触。退火焊道随后铲磨清除。

（6）焊接过程中，控制层间温度不大于 150℃，同时进行适当的锤击消除焊接残余应力。

（7）对于过流部件，表面圆顺和光滑很重要。焊接缺陷修复后检查流道表面，对于不圆顺的部位采用表面堆焊、打磨的方法进行处理，不允许存在应力集中点。叶片过流表面不允许出现深度 0.5mm 以上的凹坑、凸台。

（8）叶片缺陷修复打磨区域 TV 探伤至合格。若存在缺陷，手工清除缺陷，电焊配合补焊（补焊方法同上），并重新进行粗、精磨、抛光至 TV 探伤合格。

（二）导叶卡阻信号／剪断销剪断报警动作

1. 故障现象

某抽水蓄能电站机组停机过程中出现导叶剪断销剪断报警。

2. 原因分析

（1）导叶卡阻信号/剪断销剪断报警误动作；导叶间有杂物卡住，导致剪断销剪断，卡阻送信号。

（2）导叶连杆安装时倾斜度较大，造成蹩劲或连杆锁紧螺母松动，导致剪断销剪断，卡阻送信号。

（3）导叶连板与控制环间的小连板松脱，造成连板与拐臂存在应力，导致剪断销剪断，卡阻送信号。

（4）使用尼龙轴套的导叶在运行中因尼龙轴套吸水膨胀及导叶轴径抱死，导致剪断销剪断，卡阻送信号。

（5）导叶开关太快，使剪断销受冲击剪断力剪断，卡阻送信号。

（6）连板与拐臂剪断销轴孔同心度差，剪断销安装后受力，长期运行导致剪断销疲劳受损后断裂，卡阻送信号。

（7）剪断销出厂时本身存在内部缺陷，长期运行振动导致剪断销疲劳型损伤释放，剪断销剪断，卡阻送信号。

3. 处理过程

检查信号装置工作状态，若确认为信号误发，上位机及现场加强监视，待机组正常停机后再处理；若确认剪断销已动作剪断，应先汇报调度并申请开备用机组，将该运行机组转停机并监视停机正常。通知运维人员按如下处理：

（1）排空蜗壳内积水，打开蜗壳门检查导叶间无异物，测量导叶上、下端面间隙合格，导叶与顶盖及底环抗磨板无剐蹭现象。

（2）复测导叶连杆间隙，检查锁紧螺母是否松动。

（3）检查导叶连板与控制环间的小连板无松脱，小连板连接螺栓紧固、无松动。

（4）解除剪断的导叶与控制环的连接，拧起该导叶并单独动作，确认尼龙轴套无抱死现象。

（5）在调速器电气柜上做导叶无水扰动开关试验，检查导叶开关速率是否满足厂家设计要求。

（6）检查连板与拐臂轴孔同心度情况。

（7）查阅剪断销出厂检验报告及以往检修超声探伤记录，排除出厂质量原因。

（三）顶盖水位高

1. 故障现象

某抽水蓄能电站机组监控出现顶盖水位高报警。

2. 原因分析

（1）水位测量浮子误动作。

（2）导叶套筒/中轴套大量漏水。

（3）顶盖内部顶盖均压管、顶盖排气回水管、主轴密封供排水管、迷宫环供水管等管路破裂。

（4）主轴密封甩水严重。

（5）顶盖与座环连接处漏水。

（6）顶盖排水管排水不畅。

（7）顶盖排水泵故障，无法排水。

3. 处理过程

（1）若水位测量浮子误动作，不影响机组运行可加强监视，必要时通知有关运维人员临时解线，待机组停机后再处理。

（2）若顶盖水位升高，但顶盖排水泵启动后水位可以控制，则可监视机组运行，但应与调度沟通，尽早将机组停机，待停机后检查顶盖内部情况。

（3）若发现顶盖上有大量水溢出，顶盖排水泵已启动，但水位仍在上升，则立即告知运维负责人并向调度申请转移负荷，停机后若水位仍在上升，则可申请将尾闸落下，待运维人员后续处理。

（4）若顶盖排水管排水不畅，则检查顶盖排水管是否畅通，滤网是否堵塞，并处理排除。

（5）若顶盖排水泵故障，无法排水，检查排水泵是否能正常工作，电源是否合上，是否过流，控制方式是否在"自动"方式，是否空转等。

（四）导叶保护装置失效造成导叶和转轮相撞击

1. 故障现象

某电站 6 号机组 B 级检修后在完成 25%、50%、75% 甩负荷试验后进行 100% 甩负荷，在试验过程中发生水车室大量窜水现象。经紧急停机后检查，发现 6 号机组水车室排水管、上止漏环冷却水管及顶盖均压管破裂。开蜗壳及尾水管进人孔门进行进一步检查，发现活动导叶、转轮存在不同程度的损坏，蜗壳、尾水道未见异常，蝶阀密封良好。

2. 原因分析

本次事故的原因为导叶保护装置失效。其中，限位块保护功能失效导致导叶与转轮相撞击是本次事故的主要原因。在机组安装阶段，导叶臂限位块未按照设计要求施焊，导致焊缝强度大大降低，限位块在导叶臂转动时未能有效保护。导叶摩擦装置在导叶剪断销剪断后发生滑动是导致此次事故的次要原因。在设计方面，由于过渡过程中的暂态水力矩难以计算精确，厂家在设计时对暂态水力矩估算不足，摩擦装置无法承受甩负荷时的瞬时水力矩而发生滑动。

3. 处理过程

机组停机，关闭 6 号机组蝶阀，关闭 6 号机组下库闸门，启动渗漏排水泵进行排水，对受淹设备进行清扫及烘干处理。对 6 号机组进行解体检查和修复，对活动导叶和转轮返厂进行修复处理，对导叶剪断销、摩擦装置和导叶限位块进行检查处理。对上、下止漏环检查，底环、基础环、顶盖把合螺栓和固定螺栓外观检查及无损探伤，对顶盖内管路进行处理。

（五）机组水导冷却器漏水导致的水导油位上升

1. 故障现象

某电站 1 号机停机稳态时，监盘发现 1 号机水导油盆油位约为 471mm，接近油位高报警值（油位高报警值为 475mm），经与前一日中班比较上升了 10mm，且当日运维人员未对 1 号机水导油盆加油，油位上升属异常现象。

2. 原因分析

水导冷却器内漏，水通过冷却器漏入油槽内。

3. 处理过程

（1）现场检查 1 号机水导油位计，钳形电流表测得输出电流约 10mA，经换算油位约为 470mm，与监控显示相符；打开水导油盆上端盖用油尺检查实际油位，油盆实际油位约 470mm；经判断油位计运行正常。

（2）通过上述检查，怀疑水导轴承润滑油盆进水。安排人员通过 1 号机水导系统排油阀取油样，准备送检；在取油样过程中发现水导油黏稠度明显降低且有乳化现象，以此判断确实发生进水。

（3）拆出的水导冷却器进行打压试验，试验压力为 1.05MPa，10min 后发现压力已降至 0.85MPa，说明原冷却器内部水管路存在渗漏。

（4）更换了新的水导冷却器，处理后油位稳定。

（六）机组水导瓦温升高导致机组停机

1. 故障现象

某电站 3 号机组发电工况并网后，10:09 出现水导轴承瓦温高报警，水导瓦电阻型温度计 B012 最高升至 77℃，通知专业人员现场检查，机械保护柜内膨胀型温度计水导轴承瓦温最高上升至 76℃（膨胀型温度计报警值：78℃，跳闸值：83℃），10:14 分 3 号机组水导瓦电阻型温度计 B007 温度升高打破 71℃、B012 升高到温度 77℃，10:15 向中调申请停机。

2. 原因分析

拆除水导瓦，发现水导轴承 7 号等 5 块瓦面存在较为严重黏着磨损，分析原因为水导轴承润滑油有杂质进入水导瓦与水导轴领间，因此造成水导瓦面有明显不均匀分布的粗细不等的沟线划痕缺陷。对水导瓦瓦面高点用白钢刀做刮削处理后百洁布清扫；水导轴领无明显划痕缺陷，用天然油石进行打磨处理；对水导油箱进行清扫，外接滤油机对水导透平油进行过滤后注入油箱。

3. 处理过程

（1）测量水导瓦电阻型温度计阻值正常，判断电阻型温度计运行正常；水导瓦膨胀型温度计与电阻型温度计对比，温度趋势一致，判断膨胀型温度计显示正常。

65

（2）因水导油流量较正常值降低 30L/min，判断可能是由过滤器堵塞导致的。对水导油流量滤过器进行拆解清扫，恢复机组试运。

（3）试运发现，水导瓦温持续上升，水导瓦电阻型温度计 B012 最高上升至 78℃，膨胀型温度计最高上升至 77℃，15:55 分电阻型温度计 B007 温度 71℃、B012 温度 78℃、B004 温度 75℃，15:56 向调度申请停机，经综合分析，判断设备运行异常点为水导轴承室，对水导轴承室及水导瓦面进行检查。

（七）机组水环过厚导致泵工况启动失败

1. 故障现象

某电站 1 号机组泵工况 SFC 启动过程中，机组升速缓慢，并且转速在 640r/min 左右时不再上升，升速 10min 后，监控报"1 号机组 SFC 方式待机转水泵空载操作第六步超时"，机组自动停机。后 2 号机泵工况启动正常。1 号机停机后监控无报警信号，维护人员现场检查机械部分未见异常。此后，1 号机多次进行 SFC 拖动升速试验，现象依旧，机组无法升至额定转速。期间 2 号机运行正常，1 号机发电工况运行正常。对比 1 号、2 号机泵工况启动时 SFC 输出功率和电流，未见异常，基本可排除 SFC 故障（当时电站尚未进行背靠背方式启动调试）。2 号机组在调试过程中曾出现过类似故障，后在未采取有效措施的情况下故障自动消失，当时未查明原因。

2. 原因分析

电站水轮机转轮室至尾水管设有大小水环排水管，在泵工况启动时将活动导叶和主轴密封漏水排至尾水管，以保持转轮室内适当的水环厚度，既能起到密封作用，又不增大转轮的转动阻力。本次故障因球阀旁通阀关闭不到位导致上游漏水量增大，蜗壳压力升高，泵工况启动时，蜗壳内高压水通过活动导叶间隙进入转轮室，超出了水环排水管的排水能力，造成水环不断增厚，对转轮的阻力增大，机组无法升至额定转速，而在此过程中，机组其他参数正常，因此监控系统无报警。对蜗壳泄压后，故障原因消失，故障自然排除。

3. 处理过程

通过维护人员对两台机监控流程和所有参数进行排查对比，最终发现两台机组蜗壳进口压力有较大差异，1 号机蜗壳进口压力为 4.13MPa，接近压力钢管压力 4.37MPa，而 2 号机蜗壳进口压力 0.55MPa。经分析，认为机蜗壳压力高导致活动导叶漏水量增大，从而使水环过厚与转轮摩擦，增大了转动阻力，造成机组无法升至额定转速，而蜗壳压力高的原因可能是球阀工作密封漏水量大或球阀旁通阀关闭不严。根据此判断，打开 1 号机蜗壳排水阀泄压，然后做 SFC 拖动试验，1 号机组升速正常。其后对两台机组球阀旁通阀进行传动试验，确实偶尔有动作不到位情况，证实了此前的推断，至此故障原因查明。

思　考　题

1. 水泵水轮机铭牌的基本参数有哪些？
2. 水泵水轮机的形式主要有哪些？
3. 水泵水轮机导水机构的组成和作用是什么？
4. 水泵水轮机日常维护的类型及内容有哪些？
5. 水泵水轮机及其附属设备试验检测主要包含哪些内容？
6. 水泵水轮机导轴承瓦温高原因有哪些？如何排查处理？

第三章　调速器系统运检

本章描述

　　抽水蓄能电站的调速器系统是确保电站高效、稳定运行的关键设备。它主要负责调节水轮机的转速，通过控制导叶开度，精确调整水流速度，从而影响发电电动机的有功功率。在抽水模式下，调速器系统保证水泵以最佳效率运行；在发电模式下，它则确保电站能够快速响应电网调度指令，提供稳定的电力输出。本章主要从调速器概述、运行、检修三个方面介绍调速器系统运检知识内容。

学习目标

学习目标	
知识目标	1. 熟悉调速器系统工作原理、主要结构、运行方式、监视及相关保护、设备操作及巡检等基本内容及原理 2. 能够叙述调速器系统主要设备的专业术语含义 3. 能够简述调速器系统故障、事故处理防范措施 4. 熟悉调速器系统检修维护作业内容 5. 了解调速器系统的安装工艺流程与调试要求
技能目标	1. 掌握调速器系统监视及保护，日常巡检及应急处理操作 2. 能够根据故障现象判断调速器系统故障原因，掌握处置方法 3. 掌握调速器系统维护项目、试验项目

第一节　调速器概述

一、调速器液压系统概述

（一）调速器液压系统主要设备

　　抽水蓄能电站调速器液压系统与电气控制系统共同作用于机组，实现水轮机工况下调节机组转速和负荷以及水泵工况下调节机组流量的功能。

　　液压系统主要由以下几部分组成：油压装置、电液转换器、事故停机电磁阀、导叶锁定电磁阀、主配压阀、分段关闭装置、机械反馈装置、机械-液压负荷限制器、主接力器、油过滤器、开关和仪表等。

1. 油压装置

油压装置由集油箱、主油阀、压力油罐、安全阀、压力油泵、油过滤器、电磁阀组、油冷却系统等组成，其结构如图 3-1-1 所示。

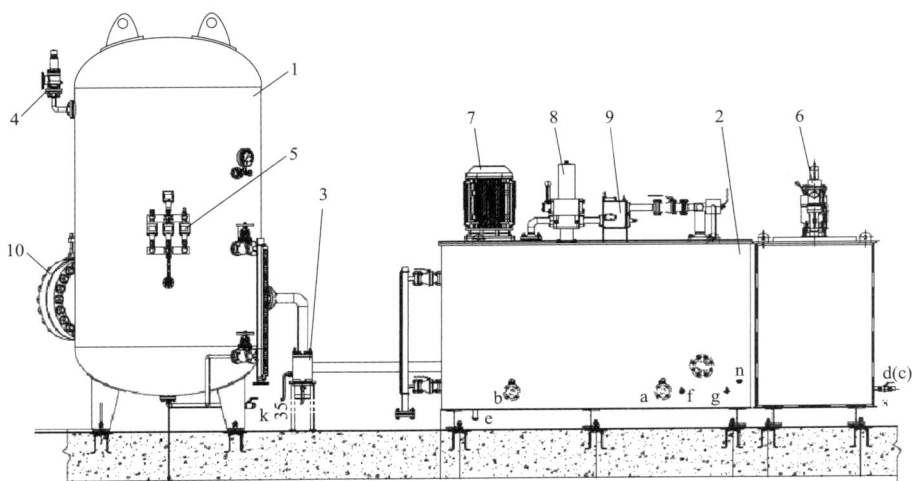

图 3-1-1　油压装置结构图

1—压力油罐；2—集油箱；3—主油阀；4—安全阀；5—压力开关；6—电磁阀组；7—压力油泵；
8—过滤器；9—卸载阀；10—压力油罐进人门

2. 电液转换器

电液转换器由电机械转换器（力矩马达）、液压放大器、控制阀芯、线圈、永久磁铁、扭矩管、挡板、喷嘴、反馈弹簧组成，其结构如图 3-1-2 所示。

3. 事故停机电磁阀与导叶锁定电磁阀

电磁阀按照原理可以分为直动式、分步直动式和先导式，在抽水蓄能电站的调速系统中，事故停机电磁阀与导叶锁定电磁阀在结构上基本一致，多采用直动式，由阀芯、密封圈、弹簧、线圈、阀座组成。

4. 主配压阀

主配压阀由阀体、分段关闭控制阀、柱塞、节流板、引导柱塞、平衡活塞、综合浮杆组成，其结构如图 3-1-3。

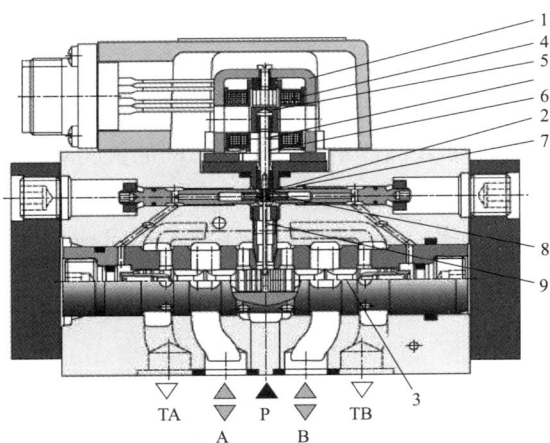

图 3-1-2　电液转换器结构图

1—电机械转换器；2—液压放大器；3—控制阀芯；
4—线圈；5—永久磁铁；6—扭矩管；7—挡板；
8—喷嘴；9—反馈弹簧

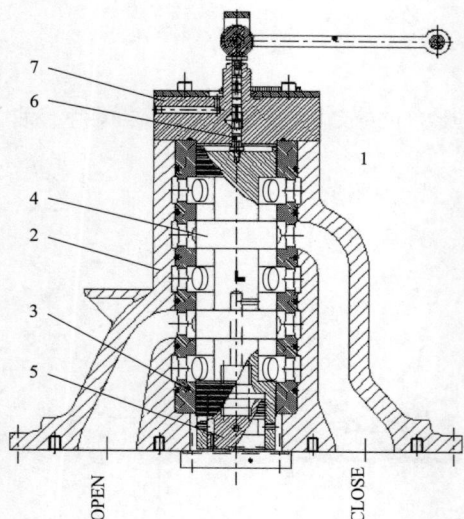

图 3-1-3 主配压阀结构图

1—主配压阀；2—阀壳；3—衬套；4—阀芯；
5—活塞；6—引导活塞；7—阀盖

5. 分段关闭装置

分段关闭装置由液压引导阀和电磁引导阀组成。

6. 机械反馈装置（若有）

机械反馈装置（若有）由硬反馈调差单元和软反馈单元组成，在反馈装置上装有限位开关和导叶开度转换器。

7. 主接力器

主接力器由缸体、活塞、活塞杆、端盖组成。

（二）调速器液压系统主要设备的基本功能

1. 油压装置

向调速器电液转换器和各控制阀提供连续稳定的压力油源。

2. 电液转换器

接受调节器传来的电气调节信号，并把其转换成与电气量成正比的油流信号。

3. 事故停机电磁阀与导叶锁定电磁阀

事故停机电磁阀可以利用机械液压回路控制机组直接停机。导叶锁定电磁引导阀与事故停机电磁阀形成闭锁关系，保证到导叶锁定阀不动作，事故停机阀就不会退出。

4. 主配压阀

控制主接力器，控制机组运行时转速。

5. 分段关闭装置

实现水轮机工况下甩负荷和水泵工况下甩负荷时的导叶关闭规律通过机械反馈装置上的楔形块动作液压引导阀实现不同的关闭规律。

6. 机械反馈装置（若有）

连接主配压阀浮杆和主接力器活塞。

7. 主接力器

控制、改变机组的转速和负荷。

（三）调速器液压系统主要设备的作用

1. 油压装置

在油压装置的压力罐中充满了压力油和压缩空气，其中压缩空气的体积约为总体积的三分之二，压力油为透平油，约占总体积的三分之一，油压装置能够在短时间内给高压用户提供比油泵流量高很多倍的压力油，并能够提供有效保障机组转速调节所需的压力油。

2. 电液转换器

电液转换器在液压系统中一般指的是电液伺服阀，阀芯通过机械反馈连接到力矩马达上，当电信号输入力矩马达后，永久磁铁产生的力倍扭矩管转变成一个扭矩，使挡板离开两喷嘴中间位置并出现压力差，压力差使阀芯移动，直到反馈弹簧的反馈力矩和力矩马达的电磁转矩相平衡，压力差变为零，电液伺服阀停止动作。通过电液伺服阀的动作，改变先导控制阀的流量实现了闭环控制，并与输入的电信号成正比。

3. 主配压阀

转速信号通过转化后传递到主配压阀的引导阀，控制引导柱塞的行程，引导柱塞通过一个液压放大系统来控制主配的位置。在主配压阀内，通过调节主接力器开启回油管路上的节流片的面积，可控制机组的开机速度。

4. 分段关闭装置

为了保证在水轮机工况下和水泵工况下都能满足调节计算的要求加装此装置，同时分段关闭装置通过改变导叶开关的规律，很大程度上削减了机组在启停过程中的水锤和抬机现象，保证了机组运行的稳定。

5. 主接力器

主接力器作为调速器液压系统的执行机构，在整个机组运行期间，接受主配压阀送来的液压信号，并将其转变为活塞的位移带动活塞杆位移，通过控制环、拐臂和连杆改变导叶开度，进而改变进水流量，达到控制、改变机组转速和负荷的目标。

二、调速器电调系统概述

（一）调速器电调系统组成单元

调速器正常运行时应处于自动模式。发电启动至并网阶段，调速器处于频率调节模式。机组并网后，调速器运行于功率模式，根据监控系统指令，自动调节机组有功。当出现功率反馈回路故障时，调速器无扰动切换至开度调节模式，不再接受功率调节指令，此时调速系统调节导叶开度稳定在当前值。

电调系统一般由调速器控制单元、转速监测单元、电源供给单元以及人机界面等部分组成。

1. 调速器控制单元

调速器控制单元由主用 CPU、备用 CPU、输入输出模块等组成。一般将调速器控制单元称为调节器。

2. 转速监测单元

转速监测单元由测速的 CPU 模块、测速装置、转速输出继电器等组成。

3. 电源供给单元

电源装置采用双重化配置，由外部交流 220V 转直流 24V 和直流 110V 转直流 24V 供给电源。

4. 人机界面

人机界面由触摸屏与交换机连接通信，显示设备状态信息。

（二）调速器电调系统组成单元的作用

电调系统在调速器动作时，往往和液压系统联动，液压系统主要为执行机构，电调系统为控制机构。

1. 调速器控制单元

在正常情况，主用 CPU 运行，并输出信号进行调速器系统的调节、控制，备用 CPU 同样保持运行与控制计算，但没有信号输出。切换 CPU 主要作为主、备用 CPU 的相互切换。当主用 CPU 故障时，自动无干扰地切换到备用 CPU 运行。输入输出模块主要负责和外围设备如监控等系统的信号联络。

2. 转速监测单元

CPU 模块用于处理采集的转速信号，当转速监测单元故障时，发出报警信号，锁定在当前值，并闭锁机械刹车投入。测速一般包括齿盘测速和残压测频测速，齿盘测速信号通过转速继电器输出参与机组顺控，残压测频信号来源于机端电压互感器二次侧信号，通过信号隔离、变换，送至频率测量模块，用于机组转速的控制。

3. 电源供给单元

电源供给单元由外部交流 220V 转直流 24V 和直流 110V 转直流 24V 供给，通过电源模块转换成 5、24V 等级电压供调节器的 CPU 模块、输入输出模块等使用。电源供给单元设置电源监视系统。

4. 人机界面

调速器电气柜人机界面用于操作员在现地进行状态监视、参数设置、试验测试等操作，以及故障报警显示。

（三）调速器电调系统的功能

调速器在机组发电方向启动时以最快的速度把机组转速调节到额定转速。机组并网后，调速器自动切换到开度调节状态，在机组并网状态下，调速器可运行于开度调节模式或功率调节模式。对于抽水蓄能电站，调速器电调系统还应具备调相运行模式和水泵运行模式等。

1. 发电方向启、停

当电调系统正常且处于自动状态时，调速器可以自动开机。在调速器接收到开机脉冲命令时，调速器将把导叶打开到启动开度，当机组频率达到设定值时调速器投入 PID（比例、积分、微分）运算，调节机组转速至额定转速。此开机方式能使机组快速而稳定地达到额定转速。水轮机进入空载运行后，通常设定值为电网频率，而在网频故障时，机组频率跟踪频率给定，频率给定的整定值（以相对值的百分数表达）在每次开机命令后被重新设置到 100%。

当调速器接收到停机脉冲命令后，调速器将快速关闭导叶接力器至全关。

2. 频率调节

频率调节模式主要运行在机组空载、背靠背拖动或者机组孤网运行状态，按照 PID 调节规律控制机组转速跟踪电网频率或频率给定值。

3. 功率调节

功率调节模式主要运行在机组并网（非孤网）发电状态，其跟踪的是功率设定值，它追求的是机组功率的稳定。当调速器进入功率调节模式后，功率设定值作为被跟踪量，调速器根据实际功率与设定值的偏差进行 PI（比例、积分）运算，并根据计算结果开启或关闭导叶。此时调速器接受负荷增减指令，或接受负荷设定值。

4. 开度调节

开度调节模式主要运行在机组并网（非孤网）发电状态，其跟踪的是调速器导叶开度给定值，它追求的是导叶开度的稳定，而不考虑外界因素（如水头、功率）的变化。开度调节模式将比功率调节模式更稳定及可靠，避免了功率信号故障时调速器的误动作以及在同一水道其他机组开机、加减负荷时，本台机组功率由于水头的变化而变化，导致导叶开度波动的情况。

5. 孤网运行

机组在并网状态下由于外部电网频率发生变化超过调速器程序内部设置的范围（该范围可在触摸屏上修改）时，调速器即进入孤网运行方式，此时的调节方式以频率作为判断依据，不再接受外部的功率或者开度信号。

6. 一次调频

调速器在开度调节模式及功率调节模式下均可参与一次调频，但其调节的效果却有差别。当机组频率（电网频率）超过人工失灵区设定值范围（一般为 49.95～50.05Hz）时，调速器一次调频功能被激活。例如：机组此时的频率为 50.10Hz，此时超过设定值范围 0.05Hz（即 0.1%），若调节系统的调差率 e_p 设为 4%，此时调节后的功率应在原功率基础上减少 $\dfrac{0.1\%}{4\%}$，即减少 2.5% 额定功率，对于 300MW 机组而言，应减少 7.5MW 的有功功率。而对于开度模式而言，对于同样的频率变化，若调速器的永态转差系数 b_p 值为 4%，此时应减少的导叶开度为 2.5%，其对应的功率变化却不是 2.5% 额定功率。

7. 调相工况

对于抽水蓄能机组，调相工况可分为水轮机方向调相和水泵方向调相，此时机组并在电网中，转轮处于压水状态，导叶处于全关。调速器在发电或水泵工况时，若收到调相模式指令，调速器将复归原有调节模式（开度调节、功率调节、转速调节或水泵模式），进入调相模式。此时调速器导叶开度设定值将变为零。在调相模式转发电或抽水工况时，调速器收到调相解除指令后，导叶仍保持关闭状态，待接收到调速器启动指令后，导叶开启，调速器进入发电或抽水工况。

8. 水泵工况

机组在水泵工况启动过程中，待机组的溅水功率保护动作，导叶首先开至程序设置的自动开度 1，经一定延时，待水道内的水流平衡一些之后，再开至二级水头协联开度 2，再经一定的延时，待机组的引水系统水力震荡逐渐减弱之后，导叶开至优化开度 3。优化开度 3 由调速器的调节器根据水头和频率实时计算。抽水工况停机时，调速器接到停机指令后将导叶开度设定值设为零，导叶关至零开度。

9. 甩负荷过渡过程

在抽水蓄能电站中甩负荷是一种常见现象。水轮发电机组发生甩负荷后，巨大的剩余能量使机组转速上升很快，调速器按照调节保证计算的关闭规律关闭导叶，机组转停机。在甩负荷过程中，除了调节保证计算所关心的最大转速上升值和最大水击压力上升值和最大外，还要对甩负荷动态过程的品质指标的优劣进行考核。

第二节　调速器系统运行

一、调速器系统运行方式

（一）调速器液压系统运行方式

1. 油压装置控制柜自动运行

1 号泵、2 号泵、辅助泵操作选择把手任意一个置于"自动"位置、控制器 PCC 上电运行，油源控制柜运行在自动控制方式。自动状态下油压装置控制柜可以根据油压状态自动控制油泵起动、停止，保证油压系统压力稳定。面板指示灯提示几号泵为运行方式。

（1）辅助泵运行方式：辅助泵操作选择把手置于"自动"位置，压力罐压力低于辅助泵起动压力设定值时，辅助泵自动起动至压力罐压力达到额定压力停止。

（2）两泵轮换方式：1 号泵、2 号泵操作选择把手均置于"自动"位置，同时两泵均无故障时进入两泵轮换方式。两泵自动选择主泵运行、备用泵运行方式，轮换顺序为：初始状态 1 主－2 备；轮换为 2 主－1 备；轮换为 1 主－2 备；可以手动或自动循环轮换。

（3）单泵运行方式：1 号泵、2 号泵操作选择把手只有一个置于"自动"位置或两泵操作选择把手均置于"自动"位置，但是一台泵故障时，单泵以主泵方式运行。

2. 油压装置控制柜手动运行

（1）任意一台泵操作选择把手置于"手动"位置则本泵进入手动操作方式运行，同时点亮本泵手动方式指示灯。在手动运行方式下油压装置加载阀仍然由 PCC 控制。

（2）任意一台泵操作选择把手置于"切除"位置或本泵故障，本泵退出运行，同时点亮本泵退出运行方式指示灯。当三台油泵均退出运行时，油源控制柜退出控制功能（包括自动补气功能），保留显示通信和报警功能。

3. 油压装置控制柜补气装置控制

（1）自动补气方式：通过人机界面设定自动补气方式，控制柜根据油压、油位信号自动控制补气装置投退。补气装置投入时点亮补气投入指示灯同时上报信号。

（2）手动补气方式：通过人机界面设定手动补气方式，控制柜退出对补气装置的控制，由运行人员手动操作补气装置补气。当有油泵打油时，退出补气装置。

4. 油压装置控制柜的控制方式

（1）开关量控制。自动检测油压、油位外部开关量信号控制油泵起动、补气装置投退。可以实现主、备泵的轮换功能，故障自动切换功能。打油时可以自动实现油泵空载起动并延时后使油泵加载运行。开关量控制方式为控制柜缺省控制方式，与其他方式的切换可以通过人机界面设定。

（2）模拟量控制方式。具有模拟量控制方式的信号有油罐油压模拟量控制、油罐油位模拟量控制、回油箱油位模拟量监视、回油箱油温模拟量控制。控制柜自动检测油压、油位模拟量信号，根据写入的设定值控制油泵起动、补气装置投退。可以实现主、备泵的轮换功能、故障自动切换功能。打油时可以自动实现油泵空载起动并延时后使油泵加载运行。

（二）调速器电调系统、液压控制系统运行方式

调速器系统的作用是通过控制导叶接力器的操作油量来控制导叶的开度大小，进而控制水轮机过水流量的大小，达到调整水轮机转速或负荷的目的。

1. 电气控制柜的运行及操作

（1）调速器系统手动运行。

1）手动操作是调试、首次开机或电气故障时的操作方式。调速器系统处于手动工况时，直接操作面板手 / 自动切换开关、手动增减开关，即可带动液压随动系统，控制机组开、停机和增减负荷。

2）手动开机时，首先操作手 / 自动切换把手，然后控制手动增减把手，使导叶开至启动开度；待转速升至 90% 后，将导叶关至空载开度附近，并根据机组转速细心调节导叶开度，使机组稳定于额定转速。并网后，操作手动增减开关即可手动增减负荷。

3）手动停机时，操作手动增减开关，使导叶关至空载开度；与电网解列后，继续操作手动增减开关，关闭导叶，直至停机。

4）手动运行时，调速器系统电气控制柜部分主要起监视作用，而不起控制作用。运行人员可以从触摸屏上观察调速器所处的状态及机频、开度等测量值。

（2）调速器系统自动运行。

1）自动运行方式。调速器正常运行时，应处于自动、远方工作状态，操作人员只需巡检和操作。自动运行方式有以下几种：按频率调节、按开度调节、按功率调节、调相运行、水泵 / 水轮机方式运行、一次调频方式运行。

2）自动开机。调速器处于自动状态，接力器处于全关位置，此时外部发出"开机"令

并保持 2s 以上、接力器开到第一启动开度（约为空载开度的 1.5 倍），此时机组转速逐渐上升，当转速接近 $70\%n_N$ 后，导叶开度降到第二启动开度（比第一启动开度降低 5%）；当转速接近 $90\%n_N$ 时，机组进入空载调节，接力器关到空载开度，并逐渐使转速稳定，为并网创造条件。

自动开机采取的开机规律一般为厂家经验，有的电站采用柔性开机或其他经验取得的开机规律，也可根据要求变更，没有统一规定。

3）自动停机。"停机"令信号级别最高，自动运行工况时，在任何状态下接到"停机"信号，调速器将把接力器关至全关位置。手动运行时发"停机"令，调速器不会关机。

（3）增加、减少操作。在空载和发电工况，调速器接受外部或界面增加、减少指令，可以完成频率或功率的调整。

1）在开度调节模式下，远方或现地点击增 / 减，改变的是开度给定。通过改变导叶开度达到改变功率的目的。

2）在功率调节模式下，功率单步增减设定时，改变的是功率给定；功率自动调节时，开关量增减无效。

3）在频率（空载）调节模式下，当网频跟踪功能退出时，远方或现地点击增 / 减，可改变频率给定，从而完成频率的调整；当网频跟踪功能投入时，频率给定值增 / 减无效。

2. 油压装置控制柜的运行及操作

油压装置控制柜采用可编程逻辑控制器（PLC）作为控制核心，与油压装置配合完成全面的油源控制功能。油压装置控制柜采集压力、液位等多种自动化元件信号作为控制依据，配合控制电机启停回路，以软件流程形式实现可靠控制。油压装置油源稳定与否，直接影响到调速器系统的稳定运行。

（1）油压装置控制柜自动运行。正常情况下，1 号泵、2 号泵、辅助泵操作选择把手置于"自动"位置，控制器上电运行，油源控制柜运行在自动控制方式。自动状态下油压装置控制柜可以根据油压状态自动控制油泵启动、停止，保证油压系统压力稳定。面板指示灯可提示油泵运行方式。

（2）油压装置控制柜手动运行。任意 1 台泵操作选择把手置于"手动"位置则该泵进入手动操作方式运行，同时点亮该泵手动方式指示灯。在手动运行方式下油压装置加载阀仍然由控制器控制。

任意 1 台泵操作选择把手置于"切除"位置或该泵故障，该泵退出运行，同时点亮该泵退出运行方式指示灯。当 3 台油泵均退出运行时，油源控制柜退出控制功能（包括自动补气功能），保留显示通信和报警功能。

（3）油压装置控制柜的补气装置控制。

1）自动补气方式。通过人机界面设定自动补气方式，控制柜根据油压、油位信号自动控制补气装置投退。补气装置投入时点亮补气投入指示灯，同时上报信号。

2）手动补气方式。通过人机界面设定手动补气方式，控制柜退出对补气装置的控制，由运行人员手动操作补气装置补气。当有油泵打油时，退出补气装置。

二、调速器系统运行监视及相关保护

（一）调速器液压系统运行监视检查基本要求

调速器液压系统运行监视检查基本要求如下：

（1）监视机组开机预启动条件中有关调速器控制系统的条件是否满足。

（2）监盘人员应根据机组的运行状态，确认调速器机械相关设备的位置状态正确、主配压阀位置信号、油泵运行状态、油泵控制方式；确认调速器机械设备相关模拟量传感器反馈信号在正常范围内，如压力油罐油位、油压信号，主油路油压信号，导叶开度信号，机组转速信号等，当相关设备位置状态异常或模拟量反馈信号超过规定的限额或出现报警时，应及时分析，并汇报通知值长和运维ONCALL。

（3）调速器油站启动前，检查调速器系统无报警信息。

（4）调速器系统运行过程中，检查调速器系统无报警信息、油泵空负载转换正常、压力油罐油位正常、主油路油压正常。

（5）活动导叶关闭过程中，检查油泵空负载转换正常，压力油罐油位正常，主油路油压正常，接力器位置开关反馈信号正常；检查导叶开度变化线性情况。

（6）油站停止过程中，检查油泵空负载转换正常，隔离阀动作正确，隔离阀关闭位置反馈正常，压力油罐油位、油压正常，油站无故障报警。

（二）调速器电调系统运行监视检查

1. 调速器电调系统的值守监视画面

（1）机组监视画面。在机组运行画面中，通常都包含有机组转速、导叶开度等参数。

1）机组转速。"机组转速"即为机组转轴旋转速度，单位为%（或Hz），一般工作范围为0～100%（0～50Hz），机组甩负荷情况等特殊情况可能达到130%以上，但不应超过机组飞逸转速。

2）导叶开度。导叶开度是指导叶出水边与相邻导叶体之间的最短距离，是侧面反应水轮机流量的参数。一般由导叶接力器的位置反馈代替，现场配置两个以上。

（2）液压控制画面。在运行画面中，通常都设有专门的调速器系统或液压控制画面，表现调速器与液压控制系统运行状态与重要参数。

机组运行时监盘人员应根据机组的运行状态，确认调速器液压回路相关设备的位置状态正确，如调速器油气罐隔离阀在开启位置，油泵正常运行，油泵控制方式在自动，接力器液压锁定在退出位置，机械锁定在退出位置；确认调速器机械设备相关模拟量传感器反馈信号在正常范围内，如压力油罐油位非过高或过低、油压非过高或过低，油管路油压非过高或过低，导叶开度正常，机组转速正常等，当相关设备位置状态异常或模拟量反馈信号超过规定

的限额或出现报警时，应及时分析，并汇报通知值长和检修 oncall。

2. 机组启动过程中的调速器系统关注重点

（1）机组发电启动过程。机组开机前，值守人员应检查机组预启动条件中调速器设备的相关条件满足，机组报警界面没有故障信号。针对调速器液压系统还应核对油站压力源状态正常，各油泵稳定。

（2）调速器系统的运行报警及事故启动源。机组运行时，运行人员应掌握调速器相关的重要事故启动源与设备定值。调速器主要涉及的事故启动源一般包括：主备通道全部大故障、机械过速、电气过速、背靠背同步启动（BTB）拖动过程故障、测速装置全部故障、油气罐事故低液位低油压等。

三、调速器系统操作

（一）调速器液压系统停役操作

调速器液压系统停役操作如下：

（1）检查机组在停机稳态。

（2）检查机组导叶在全关位置。

（3）检查机组导叶全关机械锁定投入。

（4）将各油泵控制方式至手动位，断开其电源开关。

（5）关闭油罐出口隔离阀并锁上。

（6）关闭油罐补气回路隔离阀并锁上。

（7）打开油罐泄压阀并锁上。

（8）对油罐进行彻底泄压。

（二）调速器液压系统复役操作

调速器液压系统复役操作如下：

（1）检查机组在停机稳态。

（2）解锁并关闭油罐泄压阀。

（3）解锁并打开补气回路隔离阀并缓慢充气（在各压力阶段，关闭此阀停止充气检查是否漏气）。

（4）充气完成后，解锁并打开油罐出口隔离阀。

（5）合上各油泵电源开关，并将控制方式切至自动位。

三、调速器系统巡检

（一）电气控制装置巡检

检查控制面板各参数正常、无死机，具体内容如下：

（1）检查工况显示，控制方式、调节模式正常，信号显示符合实际运行状况。

（2）检查接力器反馈、功率、转速（频率）、导叶电气开度限制、导叶给定、频率给定、功率给定、导叶。控制输出、发电电动机出口断路器等信号正确，与当时运行情况对应，且给定信号与反馈信号基本一致，无异常波动与跳变。

（3）检查水头指示值与当前实际水头一致。

（4）检查非同步导叶投入退出信号的正确性。

（5）检查单导叶接力器反馈信号的同步性。

（6）检查调速器报警信息和故障信息。

1）柜内风扇运行正常，散热正常，盘柜温度正常。

2）柜内供电正常，各电气元器件无过热、异味、断线。

3）控制器运行正常，无死机，硬件无报警信息。

4）与监控系统通信正常。

（二）机械液压控制装置巡检

机械液压控制装置巡检内容如下：

（1）接力器运行稳定，无异常抽动和振动现象。

（2）各阀件、管路无渗漏，阀件、限位螺杆及锁紧螺母位置正确。

（3）各部位螺钉、锁紧螺母、销子及紧固件无松动或脱落现象。

（4）液压锁定和机械锁定位置正确。

（5）滤油器压差应在规定的范围内。

（6）接力器推拉杆旋套位置正确，其背帽无松动现象。

（7）非同步导叶投退高压软管、接力器开关高压软管工作正常。

（8）非同步导叶的机械液压限制装置（若有）工作正常。

（9）接力器开关机腔压力表计读数正常。

（10）机械开度限制机构（若有）动作正常，无异常声音、无卡涩。

（三）电调柜巡检

电调柜巡检内容如下：

（1）检查电气柜液晶面板上调速器电气柜运行方式选择开关在"自动"。

（2）调节器为主通道运行，各参数仪表指示与设备当时运行情况对应。

（3）盘柜无报警信号，散热风机运行正常。

（4）触摸屏控制权限在监视位置。

四、调速器系统故障应急处置

1. 空载运行

机组自动空载频率摆动值大，见表3-2-1。

表 3-2-1 机组自动空载频率摆动值大

原因	现象	处理方法
机组手动空载频率摆动大	机组手动空载频率摆动达 0.5～1.0Hz，自动空载频率摆动为 0.3～0.6Hz	进一步选择 PID 调节参数（b_t、T_d、T_n）和调整频率补偿系数，尽量减小机组自动空载频率摆动值，如果自动频率摆动还大于手动频率摆动值，则增大 T_n
接力器反应时间常数 T_y 值过大或过小	机组手动空载频率摆动 0.3～0.4Hz，自动空载频率摆动达 0.3～0.6Hz，且调节 PID 调节参数 b_t、T_d、T_n，无明显效果	调整电液（机械）随动系统放大系数，从而减小或加大接力器反应时间常数 T_y。当调节过程中接力器出现频率较高的抽动和过调时，应减小系统放大系数；若接力器动作迟缓，则应增大系统放大系数
PID 调节参数 b_t、T_d、T_n 整定不合适	机组手动空载频率摆动 0.2～0.3Hz，自动空载频率摆动小于上述值，但未达到国家标准要求	合理选择 PID 调节参数，适当地增大系统放大系数，特别注意它们之间的配合
接力器至导水机构或导水机构的机械与电气反馈装置之间有过大的死区	机组手动空载频率摆动 0.2～0.3Hz，自动空载频率摆动大于等于上述值，调 PID 参数无明显改善	处理机械与反馈机构的间隙减小死区
被控机组并入的电网是小电网，电网频率摆动大	被控机组频率跟踪于待并电网，而电网频率摆动大导致机组频率摆动大	调整 PLC 微机调速器的 PID 调节参数：b_t、T_d 向减小的方向改变，T_n 向稍大的方向改变

2. 负载运行

并网运行机组溜负荷见表 3-2-2。

表 3-2-2 并网运行机组溜负荷

原因	现象	处理方法
电网频率升高，调速器转入调差率（b_p）的频率调节，负荷减少	接力器开度（机组所带负荷）与电网频率的关系正常，调速器由开度/功率调节模式自动切至频率调节模式工作	如果被控机组并入大电网运行，且不起电网调频作用，可取较大的 b_p 值或加大频率失灵区 E，尽量使调速器在开度模式或功率模式下工作
电液转换环节或引导阀卡阻	控制输出与导叶实际开度相差较大，如果是冗余电转已经切换，如果是无油电转则引导阀卡阻	检查并处理电液转换器：切换并清洗滤油器，检查电液转换器并排除卡阻现象，检查引导阀、活塞、密封圈
机组断路器误动作	机组负荷突降至零，并维持零负荷运行	启动断路器容错功能，电厂对断路器辅助触点采取可靠接触的措施
接力器行程电气反馈装置松动变位	控制输出与导叶反馈基本一致，导叶实际开度明显小于导叶电气指示值	重新校对导叶反馈的零点和满度，且可靠固定

续表

原因	现象	处理方法
调速器开启方向的器件接触不良或失效	调速器不能正常开启，但能关闭，平衡指示有开启信号	检查或更换电气开启方向的元件，检查开方向的数字球阀和主配位置反馈，如果是主配反馈的问题，更换后需重新调整电气零点

第三节 调速器系统检修

一、调速器系统装配

（一）安装规范

1. 水轮机调速器形式及工作容量的选择

水轮机调速器是水电厂综合自动化重要的基础设备，其技术水平和可靠性直接关系到水电厂的安全发电和电能质量。所以当电站和机组容量较大，在系统中承担调频任务，更换调速器时应选择调节品质好、自动化程度高的调速器；当机组容量小，在系统中地位不重要，长时间承担基荷时，可以从实际出发，选择自动化程度相对较低的调速器。

目前，国内主要调速器生产厂家生产的调速器无论在自动化程度、技术指标，还是在可靠性上都接近国际先进水平，其性能与国外水平相当，完全能够满足我国水电建设的需求。随着计算机技术发展，水轮机调速器更新换代加快。液压行业新技术在调速器中的运用越来越快。如果从价格上，特别是售后服务上考虑应优先选择国产调速器。

对于增容改造的机组，特别是导叶接力器容积发生改变的，要重新计算选择调速器的工作容量。大型调速器工作容量的选择主要是选择合适的主配压阀直径。调速器的更新改造应根据现场实际需要合理选择。选择结构先进、使用可靠的调速器能大大减轻今后运行与维护的工作量。

2. 安装新调速器注意事项

（1）各项性能指标及可靠性较好，能满足生产和工艺要求。

（2）结构合理、零件标准化、通用化，工艺先进，使用、维修方便。

（3）安全保护装置、调节装置、专用工具齐全、可靠。

受水电厂原设计的限制，新调速器应尽可能安装在原调速器的安装位置上，水电厂应给调速器生产厂家提供调速器现场安装空间的详细数据，要充分考虑到新调速器的某些环节可能对电厂其他设备的影响，如不同的测速方式、接力器位移的传递方式影响相关设备布置等。还要考虑到设备的布置方便于以后的检修等诸多问题。

重要水电厂大型调速器的生产加工过程，水电厂应委托监理工程师进行全过程监理。调速器出厂前，调速器生产厂家必须组织由水电厂验收人员参加的调速器出厂前验收，验收内容包括调速器加工质量验收和调速器出厂前试验验收。

设备到货后，应尽快会同有关部门和电气、仪表、设备的安装人员和订货、保管人员等共同开箱验收。按照装箱单、使用说明书及订货合同上的要求，认真检查设备各部位的外表有无损伤、锈蚀（有条件的，应拆封清洗、检查验收设备内部）；随机零、部件、工具、各种验收合格证以及安装图纸（包括易损件图纸）、技术资料等是否齐全。同时应做好验收记录。对重要零、部件应仔细检查并做无损探伤。发现问题，应当场拍照和记录，及时报有关部门处理。如验收后暂时不安装，可重新涂油，按原包装封好入库保存。

安装工作开始前，负责安装的技术人员和操作者必须熟悉设备技术文件和有关技术资料，了解其结构、性能和装配数据，周密考虑装配方法和程序。调速器一些精密部件如电液转换器、步进电机在制造厂内一般进行了严密的装配和调试，安装时最好不要拆卸、解体，以免破坏原装配状态，除非制造商提供的技术文件中有详细的允许拆卸的说明。安装时，应对结合部位进行检查，如有损坏、变形和锈蚀现象，应处理后安装。特别要检查调速器在运输过程中是否受到损坏，如主配压阀进、出口的防尘盖是否损坏而使污物进入主配压阀腔内等。

3. GB/T 8564《水轮发电机组安装技术规范》对调速器系统的安装与调试要求

（1）调速器柜、回复机构安装允许偏差，应符合表 3-3-1 规定的要求。

表 3-3-1　　　　　　　　　　　　调速器柜、回复机构安装允许偏差

序号	项目	允许偏差	说明
1	中心（mm）	5	测量设备上标记与机组 X、Y 基准线距离
2	高程（mm）	±5	
3	调速器柜水平（mm/m）	0.15	"机调"测飞摆电动机底座（上搁板）；"电调"测电液转换器底座（上搁板）
4	事故配压阀垂直度或水平（mm/m）	0.15	

（2）调速器分解时，其各部件清洗、组装、调整后的要求如下：

1）飞摆电动机和离心飞摆连接应同心，转动应灵活。菱形离心飞摆弹簧底座相对于钢带上端支座的摆度、径向和轴向均不应大于 0.04mm。

2）缓冲器活塞上下动作时，回复到中间位置最后 1mm 所需时间，应符合设计要求；上下两回复时间之差，一般不大于整定时间值的 10%。测量调速器的缓冲托板位于中间及两端三个位置时的回复时间。缓冲器支持螺钉与托板间应无间隙。缓冲器从动活塞动作应平稳，其回复到中间位置的偏差不应大于 0.02mm。

3）水轮机调速柜内各指示器及杠杆，应按图纸尺寸进行调整，各机构位置误差一般不大于 1mm。

4）当永态转差系数（残留不均衡度）指示为零时，回复机构动作全行程，转差机构的行程应为零，其最大偏差不应大于 0.05mm。校核该行程应与指示器的指示值一致。

5）导叶和桨叶接力器处于中间位置时（相当于 50% 开度），回复机构各拐臂和连杆的位置应符合设计要求，其垂直或水平偏差不应大于 1mm/m。

（3）调速器机械部分调整试验。

1）调速系统第一次充油应缓慢进行，充油压力一般不超过额定油压的 50%；接力器全行程动作数次应无异常现象。压油装置各部油位应符合设计要求。

2）调速器柜上指示器的指示值应与导叶接力器和桨叶接力器的行程一致，其偏差前者不应大于活塞全行程的 1%，后者不应大于 0.5%。

3）导叶、桨叶的紧急关闭时间及桨叶的开启时间与设计值的偏差，不应超过设计值的 ±5%；但最终应满足调节保证计算的要求。导叶的开启时间一般比关闭时间短 20%～30%。关闭与开启时间一般取开度 75%～25% 之间所需时间的二倍。

4）事故配压阀关闭导叶的时间与设计值的偏差，不应超过设计值的 ±5%；但最终应满足调节保证计算的要求。

5）从开、关两个方向测绘导叶接力器行程与导叶开度的关系曲线。每点应测 4～8 个导叶开度，取其平均值；在导叶全开时，应测量全部导叶的开度值，其偏差一般不超过设计值的 ±2%。

6）从开、关两个方向测绘在不同水头协联关系下的导叶接力器与桨叶接力器行程关系曲线，应符合设计要求，其随动系统的不准确度，应小于全行程的 1%。

7）检查回复机构死行程，其值一般不大于接力器全行程的 0.2%。

8）在额定油压及无振荡电流的情况下，检查电液转换器差动活塞应处于全行程的中间位置，其行程应符合设计要求；活塞上下动作后，回复到中间位置的偏差，一般不大于 0.02mm。

9）电液转换器在实际负载下，检查其受油压变化的影响。在正常使用油压变化范围内，不应引起接力器位移。

10）在蜗壳无水时，测量导叶和桨叶操动机构的最低操作油压，一般不大于额定油压的 16%。

（二）调速器安装

1. 调速器基础的安装

（1）安装基础架。一般调速器的基础部件都是埋设在楼板的混凝土内。按预留的孔将基础架安装就位，基础架的高程和水平应符合安装要求，高程偏差不超过 −5～0mm。中心和分布位置偏差不大于 10mm，水平偏差不大于 1mm/m。调整用的楔子板应成对使用，高程、水平调整合格后埋设的千斤顶、基础螺栓、拉紧器、楔子板、基础板等均应点焊牢固，然后浇筑混凝土。基础牢固后，复测基础的高程和水平。对于老电站更换调速器，就不需要重新安装基础架，利用原来的基础架装过渡连接板，同样必须校正水平和点焊牢固。

（2）安装底板。由于出厂时主配压阀和操动机构等与底板是组装好的一般在现场不必重新解体，因而可根据安装图将组装好的底板和主配压阀一起吊装至基础架上固定，吊装时应注意方位和校底板水平。

2. 管路的配制

先将弯管组件分别按安装图装好，再配制调速器与油压装置及接力器的连接管道。

管道安装前应先对管道内部用清水或蒸汽清扫干净，一般压力油连接管路均使用法兰连接，管道的安装一般应先进行预装，预装时检查法兰的连接，管路的水平、垂直及弯曲度等是否符合要求。预装完毕后，可先将管路拆下，正式焊接法兰。新焊接的管路内部必须清扫干净，然后再进行法兰的平面检查及耐压试验等工作。法兰连接需要采用韧性较好的垫料，同时也要有平整的法兰接触面，以免渗漏。

注意事项如下：

（1）所有零部件的装配，都必须符合有关图纸的技术要求。装配前，所有零部件都必须清洗干净。特别是液压集成的阀盖和主配压阀及其余有内部管道的零部件，都要用压缩空气吹净暗管内杂质并用煤油或清洗剂反复冲洗干净。

（2）各处"O"型密封垫均不得碰伤或漏装。

（3）主配压阀的阀体和底板连接。顺序是，先将密封垫装置阀体和底板之间，然后将阀体和底板用螺栓连接牢固，再连接阀体侧面的法兰和管道等。

3. 机械液压系统的拆装和清洗

（1）拆卸和清洗柜内全部零件，用煤油或清洗剂清洗后并用压缩空气吹净，用清洁布包好待装。按主配压阀和操动机构的总装配图，从上至下进行解体、清洗。

（2）对主配压阀阀体、活塞、引导阀衬套、引导阀活塞和复中活塞、复中缸体等精密零件千万要仔细，切勿碰伤。特别是主配和引导阀活塞的控制口锐边千万不要碰伤。

（3）部件拆卸前必须了解它的结构，当无图纸时，可先拆卸而待结构全部了解后，再进行组装。

（4）对于相互配合的零件，若无明显标志，在拆卸前应做好相对记号。

（5）对于相同部件的拆卸工作应分别两处进行以免搞混。

（6）对于有销钉的组合面，在拆卸前应先松开螺栓，后拔销钉，在装配时应先打销钉后紧螺栓。拆卸下来的螺栓与销钉，当部件拆卸后应拧回原来位置，以免丢失。

（7）机件的清洗应用干净的煤油或清洗剂和少毛的棉布进行。对较小的油孔应保证畅通。

（8）机件清扫完毕后应用白布擦拭后妥善保管，最好立即组合。组合前检查零件有无毛刺，如有应使用油石与砂布研磨消除。

（9）组合前零件内部应涂润滑油，组合后各活动部分动作灵活而平稳。

（10）各处采用的垫的厚度，最好与原来一样以免影响活塞的行程。

（11）组合时应按原记号进行，组合螺栓及法兰螺栓应对称均匀地拧紧。

（三）调试

1. 调速器机械部分检查与调整

（1）机械部分分解检查，将所有零件的锈蚀部位处理好，清扫干净后重新组装，组装后各部件应动作灵活。

（2）新配制的油管路应清扫干净，管路连接后应无渗漏点。

（3）压力油罐油压、油面正常。油压装置工作正常。

（4）调速器充油：将压力油罐的油压降至 0.5 倍额定油压以下，缓慢向调速器充油，检查调速器的各密封点在低油压下应无渗漏现象。利用手操机构手动操作调速器，使接力器由全关到全开往返动作数次，排除管路系统中的空气，同时观察接力器的动作情况，应无卡滞。

2. 充水前调整项目

（1）调速器零位调整。

（2）最低油压试验：手动调整压油槽的压力使压油槽的压力逐渐下降，同时利用机械手操机构，手动操作调速器，使接力器反复开关，得出能使接力器正常开、关的最低油压。

（3）导叶开度与接力器行程关系曲线的测定。

（4）接力器直线关闭时间测定。

（5）调速器静特性试验。

1）调速器静特性曲线应近似为直线。

2）主接力器的转速死区应不超过 0.04%。

3）校核 b_p 值：$|\triangle b_p| \leqslant 0.25\%$。

3. 充水后试验

（1）手动空载转速摆动测量。机组手动开机至空载额定工况运行，测量机组转速，观察 3min，记录机组转速摆动的相对值；将励磁投入，机组在手动空载有励工况下，观察 3min 机组转速摆动的情况。转速摆动的相对值应小于 0.15%。

（2）自动空载转速摆动测量。调速器参数整定为空载运行参数，自动开机至空载额定转速，开机过程采用录波器录制开机过程（转速、行程）。当机组转速达到额定时，测量机组转速，时长 3min，记录机组转速摆动相对值，不应超过额定转速的 0.15%。

（3）空载扰动试验。机组在空载无励的工况下运行，选择不同的调节参数，用频率发生器依次给定扰动信号由 48～52Hz、52～48Hz，观察并记录机组转速和接力器行程的过渡过程。根据过渡过程确定最佳的空载运行参数。调节时间应小于 $12T_w$（水流惯性时间常数）；最大超调量小于扰动量的 30%；调节次数不超过 2 次。

（4）甩负荷试验。将空载及负载调节参数置于整定值，机组分别带额定负荷的25%、50%、75%、100%，然后将其甩掉。采集机组转速、接力器行程、蜗壳水压、发电机负荷、定子电流等值的变化过程。

1）甩100%负荷时机组转速上升率不大于50%。

2）甩100%负荷时水压上升率不大于50%。

3）甩25%额定负荷时，接力器不动时间不大于0.2s。

4）甩100%额定负荷后，在转速变化过程中，超过稳态转速3%额定转速值以上的波峰不超过两次。

5）甩100%额定负荷后，从接力器第一次向开启方向移动起，到机组转速摆动值不超过±0.5%为止所经历的时间，应不超过40s。

（5）带负荷72h运行试验。调速器及机组所有试验全部完成，拆卸全部试验设备，机组恢复正常运行状态，带负荷72h运行，期间对设备进行定期检查，应无异常。

二、调速器系统日常维护

（一）调速器系统设备点检

点检主要是设备主人在设备不退出备用情况下对其设备进行详细深入的专业巡视检查和分析工作，一般通过现场设备巡视与趋势综合分析的形式进行，周期为1周，点检的项目主要有导叶设定值与反馈值参数及曲线检查、发电工况及抽水工况导叶开关时间与速率检查分析、压力油泵及电机振动检查、机械开限空载启动开度检查、发电/抽水方向选择压力开关信号检查、电调柜触摸屏画面及参数检查、油泵控制系统检查、检查有无"三漏"（漏油、漏水、漏气）、压力油系统各阀门工作位置检查、油过滤器检查、油压系统基本参数检查、油泵运行情况检查、主油阀运行位置检查、调速器接力器锁定、事故停机阀检查等。

（二）调速器系统设备定检

定检主要是结合机组月度停役计划执行的维护、缺陷处理及定期试验工作，以便全面地检查调速器系统运行状况，更换设备易损件，处理相关缺陷，检查周期为1个月，定检的项目主要有调速器电调柜检查、油泵控制柜检查、油压系统基本情况检查、油过滤器检查、油泵检查、静电滤油机检查、油气水管路及阀门检查、主油阀检查、自动化元件检查、紧急停机阀与液压锁定阀阀杆及销钉检查、主配位移传感器固定螺栓及电缆插头检查、液压柜内部设备外观检查及紧固、离心飞摆装置检查、机械液压过速保护装置及失电关闭装置检查、导叶接力器、液压锁定接力器检查、导叶开度位置开关/卡环、接力器反馈机构检查等。

三、调速器系统检修

（一）调速器系统设备D级检修

调速器系统D级检修是指当设备总体运行状况良好，而对主要设备的附属系统和设备进行消缺的检修方式，主要内容有调速器电调柜检查、油泵控制柜检查、油压系统压基本参数检查、油过滤器检查、油泵检查、油气水管路及阀门检查、主油阀检查、自动化元件检查、紧急停机阀与液压锁定阀阀杆及销钉检查、主配位移传感器固定螺丝及电缆插头检查、液压柜内部设备外观检查及紧固、离心飞摆装置检查、机械液压过速保护装置及失电关闭装置检查、导叶接力器与液压锁定接力器检查、导叶开度位置开关/卡环与接力器反馈机构检查、集油槽取油样化验与分析、压力油罐安全阀检查或校验等。

（二）调速器系统设备 C 级检修

调速器系统设备 C 级检修是指根据设备的运行规律，有重点地对电调系统、液压控制系统进行检查、清扫、设备消缺、升级改造、修后试验等检修项目，主要内容有控制柜、端子箱、模块清扫；端子检查紧固；电缆、回路接线、线槽盖板整理；电缆绝缘及接地检查；防火封堵检查；端子、元器件、电缆标示牌核对和更新；盘柜照明检查；控制电源及 PLC 工作电源检查、PLC 电池检查或更换；电调及油泵控制 PLC 参数程序备份、版本一致性核对，时钟同步一致性核对；调速器参数及保护整定值核对；电气回路绝缘检查试验；CPU 切换试验；转速测量元件及装置校验（机频、齿盘、网频）；继电器校验；电磁阀检查维护；自动化元件校验和更换；集油槽取油样化验与分析；油泵检查及处理；油泵卸载阀整定值检查调整；油泵电机检查及处理；油系统过滤器清扫检查及处理、滤芯更换；压力油罐、集油槽检查，漏油箱清扫；压力油罐、集油槽清扫；主油阀检查处理；油、水、气管路检查处理；压力油罐安全阀检查或校验；冷却器清扫及耐压试验；油位计检查及油位开关动作试验；压力油罐年度检查；压力油管路无损检测；压力油罐进人门螺栓更换（拆装 2 次），进人门角焊缝检测，全面检验；液压柜内设备检查及处理；导叶液压锁定机构检查调整；测速探头间隙检查调整；机械液压过速保护及失电关闭装置检查；机械液压过速保护飞摆校验；离心飞摆装置校验；油泵手动/自动启动/停止逻辑动作试验；油压系统卸载阀检查调整试验；接力器及导水机构联动动作的灵活性和全行程内动作的平稳性检查；调速器手自动切换；导叶位置传感器、执行器位移传感器、机械开限开度传感器检查调整试验；导叶重要位置开关动作接力器行程测定，非同步导叶（MGV）最大行程位置开关动作值检查；导叶关闭规律检查及开关时间测量；事故低油压、失电关闭及机械过速动作关闭接力器试验；发电工况、抽水工况静态工况模拟试验（主配压阀动作试验）；故障模拟试验（转速、执行器位移、导叶开度、水头、CPU 电源丢失等故障）；转速故障闭锁风闸投入试验；接力器工作行程测量；压力油泵故障自动切换、定期轮换功能检查；紧急停机阀（事故电磁阀）动作试验；小导叶投退试验；机组手动升速试验（振动、摆度、温度检查）；发电工况自动启动、并网带负荷、稳定运行试验；水泵工况启动、抽水调相稳定运行、稳定运行试验；AGC 负荷调节试验；功率模式与开度模式间的相互切换试验；调速器静特性试验；纯机械过速飞摆探头间隙检查等。

（三）调速器系统设备 A 级检修

调速器系统设备 A 级检修是指对设备系统全面的解体检查和修理，以保持、恢复或提高设备性能，在 C 级检修项目的基础上增加了导叶液压锁定接力器更换；接力器压紧行程测量调整；压力油泵容量试验；油压装置密封性试验及总漏油量测定；机械执行、反馈机构特性参数测定；调速器空载试验；SCP、抽水工况转换试验；SCT、发电工况转换试验；背靠背启动试验；甩负荷试验，过速试验（接力器不动时间测定）；一次调频、建模试验（周期性复核）；导叶接力器、小导叶接力器、液压锁定接力器软管更换等。

四、调速器系统试验检测

（一）调速器电调系统试验内容

依据新源公司技术监督《水机专业试验检测项目典型库》要求，参照《水轮机控制系统检修试验导则》《水轮机调节系统及装置运行与检修规程》《国家电网公司水电厂重大反事故措施》，调速器电调系统试验每年需进行操作回路动作试验（自动开机、手/自动切换、增减负荷、自动停机等模拟试验）；电气回路绝缘检查试验；接力器关闭与开启时间及导叶关闭规律检查调整；故障模拟试验（电源、导叶接力器位移信号、转速/频率信号、水头信号、有功功率信号故障模拟试验）；并网条件下的控制模式切换试验（频率控制、功率控制、开度控制、水位控制和流量控制的切换试验）；测频/测速组件检查试验（分辨率和误差测量）；位移传感器的调整试验（传感器零点/满度检查、校验，测量误差、线性度测试）；联动模拟试验：与机组监控系统励磁系统联动试验等。A 级检修或系统升级改造后需进行导叶间同步试验；缓冲装置试验；电气协联函数发生器的调整试验；协联关系试验；实用开环增益测定及开环增益整定试验；转速指令信号、开度指令信号、功率指令信号和永态转差系数 b_p 校验；暂态转差系数 b_t、缓冲时间常数 T_d 的校验或比例增益 K_P、积分增益 K_I 和微分增益 K_D 的校验；综合漂移试验；调速器静态特性试验；空载试验；甩负荷试验；带负荷试验；事故低油压停机试验；孤立调节试验；一次调频试验；AGC 负荷调节试验；黑启动试验；调速器参数建模试验；机械液压过速保护装置校验；油压装置的安全阀或阀组试验；油压装置各油压、油位信号整定值校验；油压装置自动运行模拟试验等。

（二）调速器电调系统各项试验解读分析

本节重点对（一）中接力器关闭与开启时间及导叶关闭规律检查调整、故障模拟试验等11 项试验项目进行解读分析。

试验前需要将导叶开度反馈信号、转速信号、有功功率信号、压力钢管压力、尾水管压力等信号接入外置录波器，并设置通道名称、变量量程、通道颜色、变化步长、零点、滤波频率、观察范围等参数，如图 3-3-1～图 3-3-3 所示。

1. 接力器关闭与开启时间及导叶关闭规律检查调整

在蜗壳及尾水管未冲水的前提下将导叶多次全开全关，观察接力器行程及导叶开度，记录接力器在 25%～75% 行程之间异动所需时间，取其 2 倍作为接力器开启和关闭时间。在测试过程中，通过录波器记录导叶全开 / 全关时间，如图 3-3-4 所示。

在蜗壳及尾水管未冲水的前提下按照 10% 增减量进行导叶开度阶跃试验，导叶开关过程中曲线平滑，无超调量如图 3-3-5、图 3-3-6 所示。

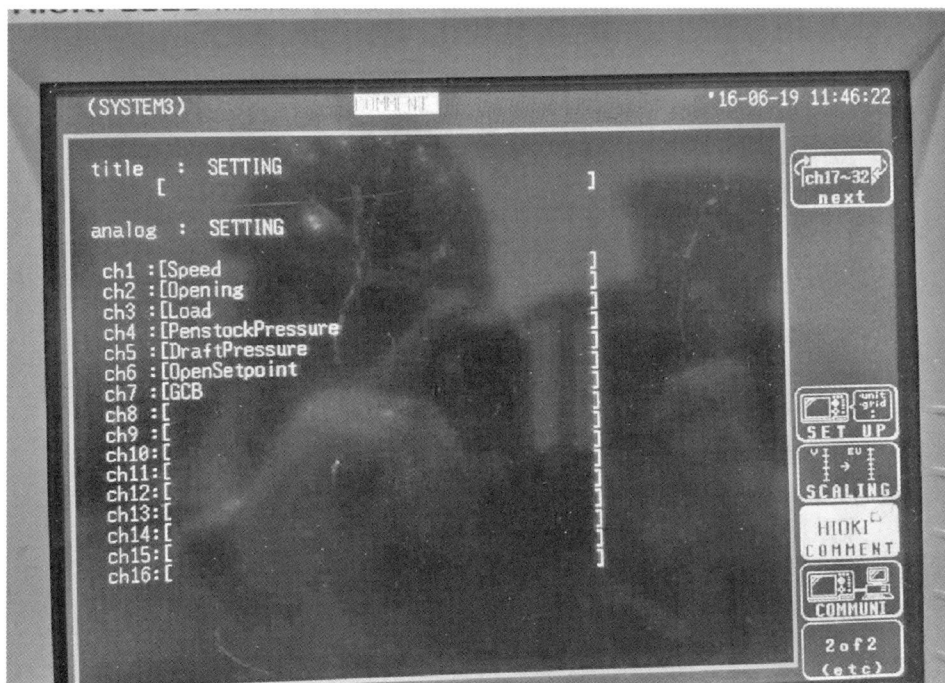

图 3-3-1　录波器通道名称设置

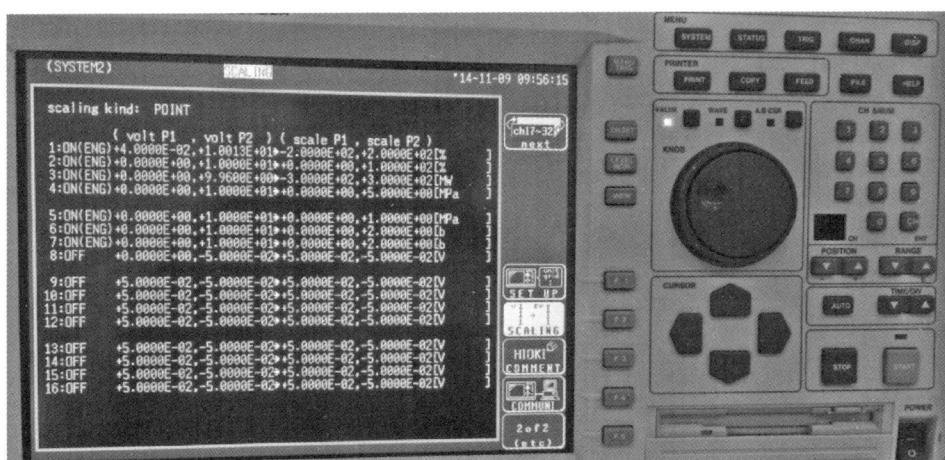

图 3-3-2　录波器通道量程设定

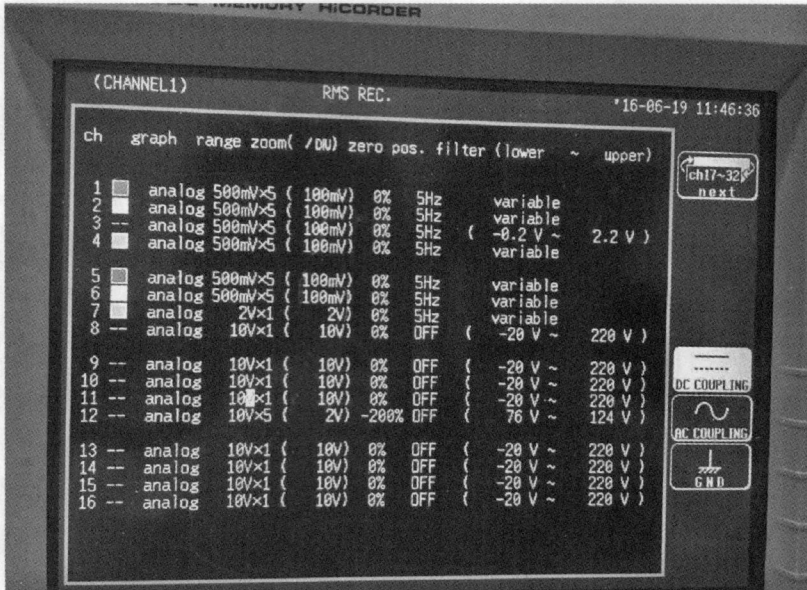

图 3-3-3　录波器通道颜色、变化步长、零点、滤波频率、观察范围设置

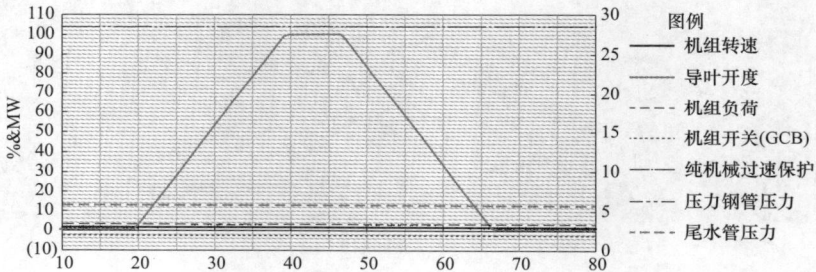

图 3-3-4　导叶全开全关时间测试波形

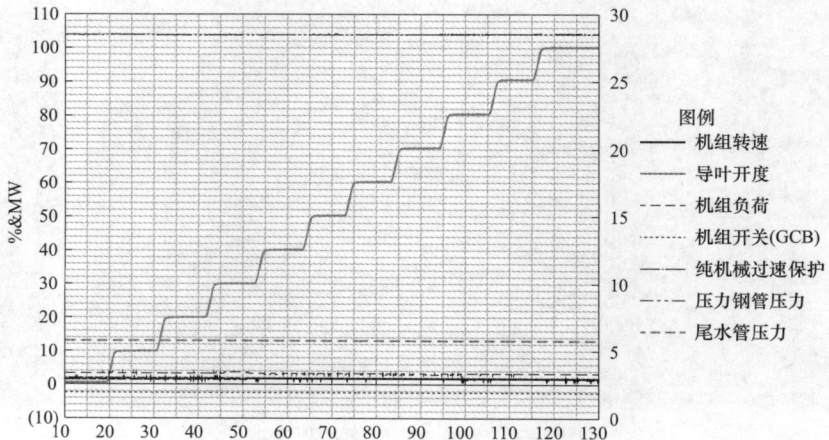

图 3-3-5　导叶开启阶跃试验波形

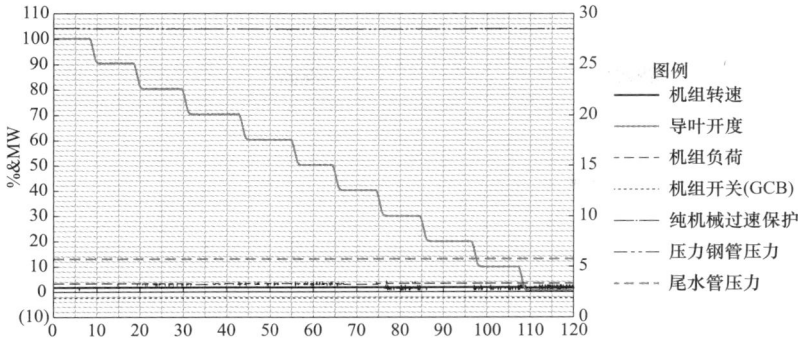

图 3-3-6　导叶关闭阶跃试验波形

2. 故障模拟试验

（1）电源故障。机组空转至额定转速，断开调速器电调柜内交直流供电开关，机组水力机械事故停机，导叶快速关闭。若只断开交流开关或只断开直流开关，不影响调速器电调正常运行。

（2）导叶接力器位移信号故障。机组空转至额定转速，模拟导叶接力器位移信号断线故障，机组水力机械事故停机，导叶快速关闭。对每个导叶单独控制的水轮机，可做"N 取 2"逻辑，即在 N 个导叶接力器位移信号中任意两个断线故障，机组水力机械事故停机，导叶快速关闭。

（3）转速 / 频率信号故障。调速器电调系统测速应配置齿盘测速和残压测频两种非同原理的测速装置，机组空转至额定转速，断开齿盘测速信号和残压测频信号，机组水力机械事故停机，导叶快速关闭。只断开一路转速信号不影响机组运行，所有转速信号均断开后应具有避免机组高速加闸的闭锁。

（4）水头信号故障。机组空转至额定转速，断开压力钢管压力和尾水管压力模拟量信号来模拟水头断线，水头信号断线后仅动作于报警，调速器电调系统会将上一次的计算的水头信号写入。

（5）有功功率信号故障。机组自动开机带负荷并网运行，断开调速器电调柜中有功功率二次回路接线，调速器会由负荷控制切换至转速控制，但功率不变；机组继续稳定运行。导叶开度无变化，满足国标水轮机控制系统技术条件，GB/T 9652.1《水轮机调速系统技术条件》中 4.6.10.3：大型电调和中型电调稳定运行时，如测速装置输入信号、水头信号、功率信号或接力器位置信号消失时，应能使机组保持所带的负荷，水轮机主接力器的开度变化不得超过全行程的 ±1%，同时要求不影响机组的正常停机和事故停机。

3. 并网条件下的控制模式切换试验

机组发电工况并网，带负荷稳定运行后进行调速器运行方式切换试验，将调速器电调系统控制模式由负荷控制→转速控制、转速控制→开度控制、开度控制→负荷控制，运行方式轮次切换，切换时，机组仍然保持当前负荷运行，接力器开度无变化，满足国标水轮机控制系统技术条件，GB/T 9652.1《水轮机调速系统技术条件》中 4.6.10.5：对大型电调，控制模式（频率控制、功率控制、开度控制、水位控制和流量控制）切换时，水轮机主接力器的开度变化不得超过其全行程的 ±1%。

4. 测频 / 测速组件检查试验

机组升速前利用信号发生器对测频 / 测速组件进行检查校验，利用信号发生器 FLUKE726 对齿盘测速组件和残压测频组件进行校验，如图 3-3-7 所示，解开 X50:1.X50:2. X50:3，将信号发生器连接至上述 3 个端子，选择频率挡位，发出相应频率信号，观察调速器接收信号是否与信号发生器发出信号一致，结果见表 3-3-2，误差几乎为 0，满足要求。

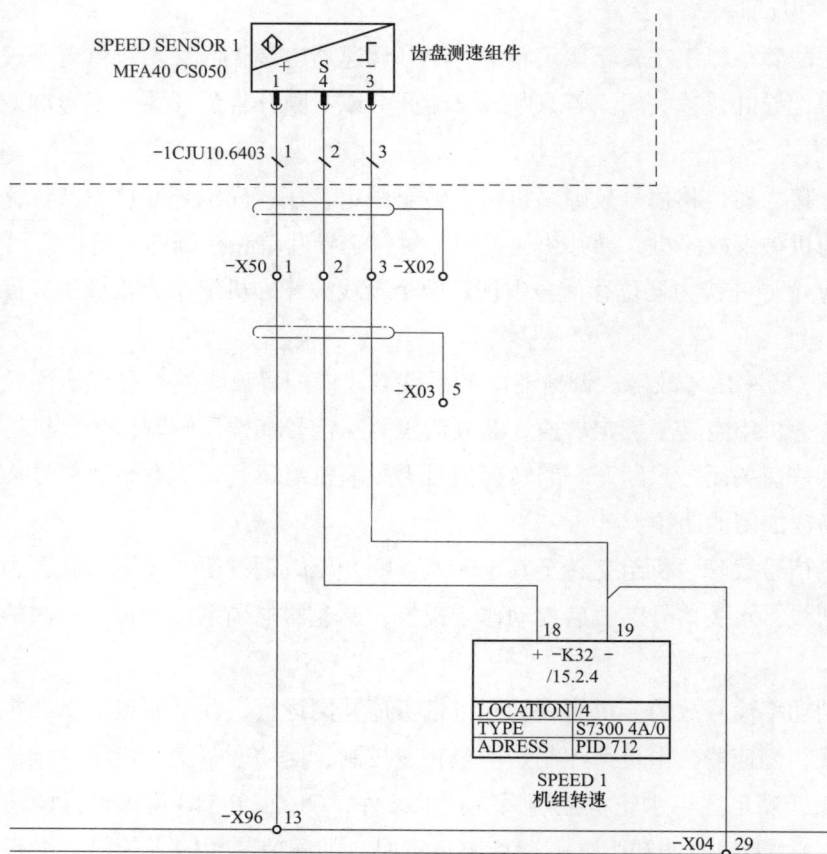

图 3-3-7　齿盘测速组件校验二次回路图

表 3-3-2　　　　　　　　　　　　齿盘测速组组件校验结果

序号	FLUKE726 发出频率（Hz）	齿盘测速显示频率（Hz）	误差（%）
1	0	0	0
2	10	10	0

序号	FLUKE726 发出频率（Hz）	齿盘测速显示频率（Hz）	误差（%）
3	20	20	0
4	30	30	0
5	40	40.01	0.025
6	50	50.01	0.02
7	60	60	0
8	70	70.01	0.014
9	80	80	0
10	90	89.99	0.011
11	100	99.99	0.01

同样原理对残压测频组件进行检查校验，如图 3-3-8 所示，解开 X53:1.X53:2，将信号发生器连接至上述 2 个端子，选择频率挡位，发出相应频率信号，观察调速器接收信号是否与信号发生器发出信号一致，结果见表 3-3-3，误差几乎为 0，满足要求。

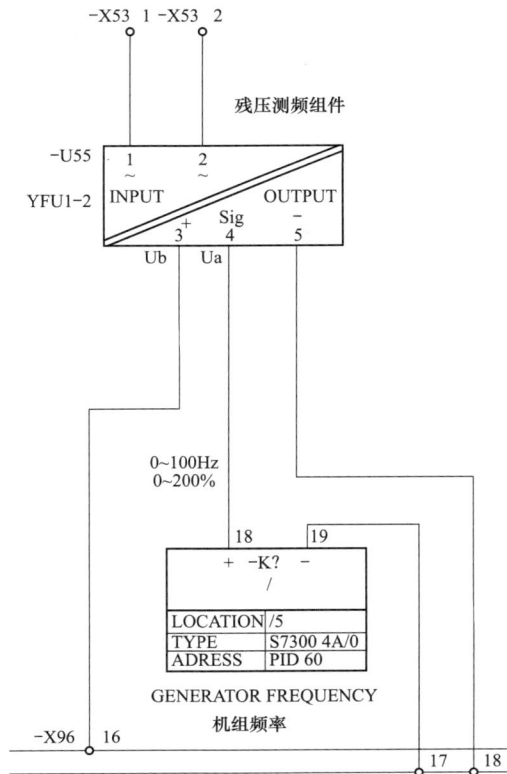

图 3-3-8　残压测频组件校验二次回路图

表 3-3-3　　　　　　　　　　　残压测频组组件校验结果

序号	FLUKE726 发出频率（Hz）	残压测频显示频率（Hz）	误差（%）
1	0	0	0
2	10	10	0
3	20	20	0
4	30	30	0
5	40	40.01	0.025
6	50	50	0
7	60	60	0
8	70	70.01	0.014
9	80	80	0
10	90	90	0
11	100	99.99	0.01

5. 导叶间同步试验

在蜗壳及尾水管未冲水的前提下将导叶多次全开全关，观察接力器行程及导叶开度，对每个导叶单独控制的水轮机，任意两个导叶接力器的位置偏差不大于 1%，每个单导叶位置对所有导叶接力器位置平均值的偏差不大于 0.5%。在测试过程中，通过录波器记录每个导叶位置。

6. 空载试验

空载试验主要是指转速扰动试验，包括转速反馈扰动和转速指令扰动，扰动量分别给定 ±2%、±4% 和 ±6% 的扰动，观察机组转速和导叶开度变化情况。

机组冲转至转速 100%，+2% 设定扰动时，扰动前转速为 100.758%，导叶开度为 17.5625%；扰动后，转速为 102.758%，导叶开度随之上升为 19.125%。-2% 设定扰动时，扰动前转速为 102.758%，导叶开度为 19.75%；扰动后，转速为 100.007%，导叶开度随之下降为 15.75%。转速和导叶开度上升平缓，均无超调量，如图 3-3-9 所示，满足国标水轮机控制系统技术条件，GB/T 9652.1《水轮机调速系统技术条件》中 4.4.1：在空载工况自动运行时，施加一阶跃型转速指令信号，观察过渡过程，以便选择调速器的运行参数。待稳定后记录转速摆动相对值，对大型电调不超过 ±0.15%，对中、小型调速器不超过 ±0.25%，特小型调速器不超过 ±0.3%。

+4% 设定扰动时，扰动前转速为 102.258%，导叶开度为 17%；扰动后，转速为 106.758%，导叶开度随之上升为 22.875%。转速和导叶开度上升平缓，均无超调量，如图 3-3-10 所示，满足国标水轮机控制系统技术条件，GB/T 9652.1《水轮机调速系统技术条件》中 4.4.1 的要求。

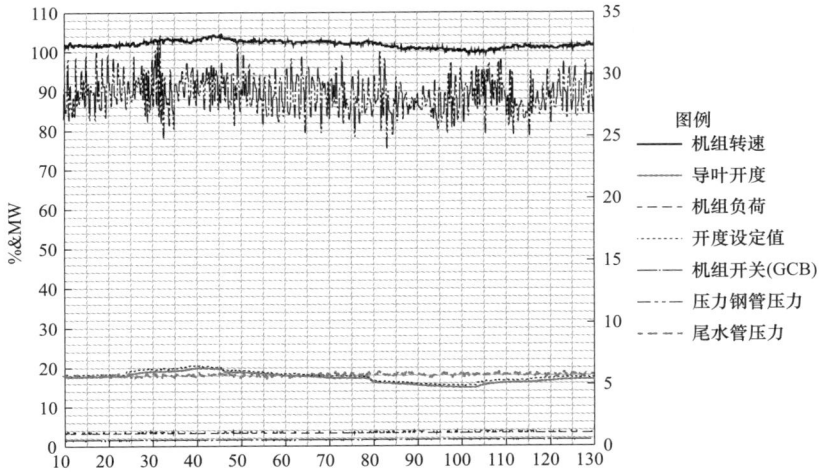

图 3-3-9 ±2% 转速设定扰动曲线图

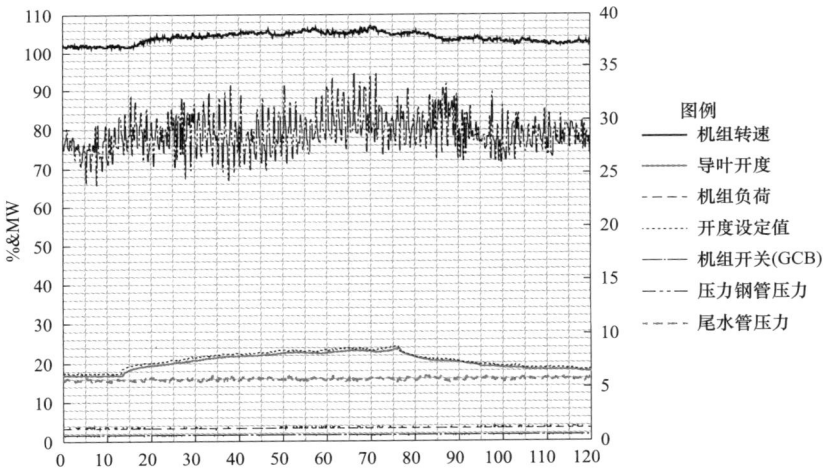

图 3-3-10 +4% 转速设定扰动曲线图

-4% 设定扰动时，扰动前转速为 101.758%，导叶开度为 17.0625%；扰动后，转速为 97.7574%，导叶开度随之下降为 13.25%。转速和导叶开度下降平缓，均无超调量，如图 3-3-11 所示，满足国标水轮机控制系统技术条件，GB/T 9652.1《水轮机调速系统技术条件》中 4.4.1 的要求。

+6% 设定扰动时，扰动前转速为 101.508%，导叶开度为 17.3125%；扰动后，转速为 106.008%，导叶开度随之上升为 24.5%。转速和导叶开度下降平缓，均无超调量，如图 3-3-12 所示，满足国标水轮机控制系统技术条件，GB/T 9652.1《水轮机调速系统技术条件》中 4.4.1 的要求。

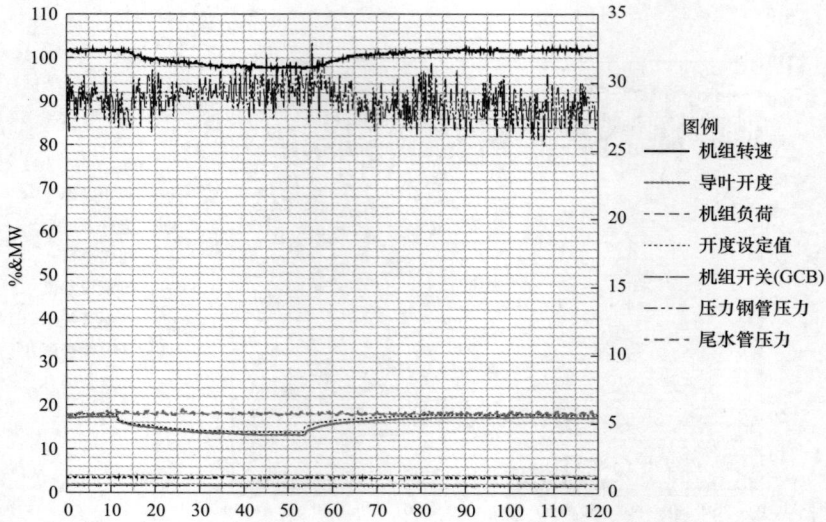

图 3-3-11 -4%转速设定扰动曲线图

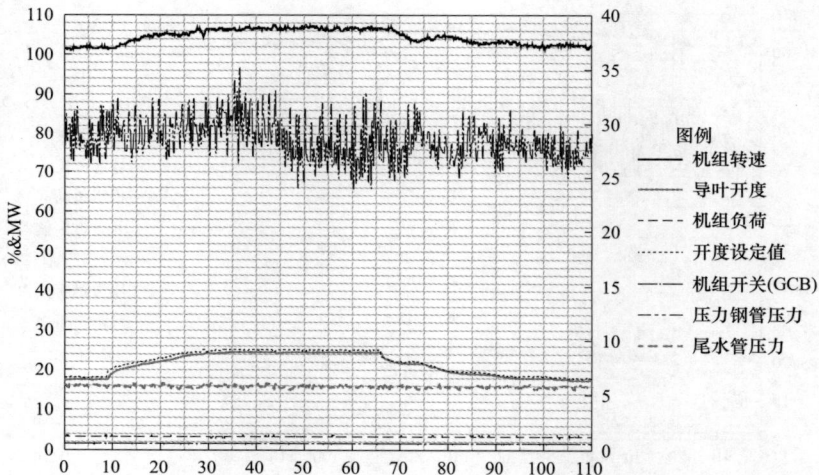

图 3-3-12 +6%转速设定扰动曲线图

-6%设定扰动时，扰动前转速为 101.758%，导叶开度为 17.3125%；扰动后，转速为 96.0074%，导叶开度随之下降为 11.4375%。转速和导叶开度下降平缓，均无超调量，如图 3-3-13 所示，满足国标水轮机控制系统技术条件，GB/T 9652.1《水轮机调速系统技术条件》中 4.4.1 的要求。

+2%反馈扰动时，扰动前转速为 102.258%，导叶开度为 17.625%；扰动后，转速变为 104.008%，导叶开度随之下降为 16.375%，稳定后转速恢复为 102.258%左右，转速和导叶开度变化平缓，调整时间为 18.2s，-2%反馈扰动时，扰动前转速为 101.758%，导叶开度为 17%；扰动后，转速变为 99.7575%，导叶开度随之上升为 19.875%，稳定后转速恢复为

100.758% 左右，转速和导叶开度变化平缓，调整时间为 16.9s，±2% 转速反馈扰动曲线如图 3-3-14 所示，满足设计标准要求。

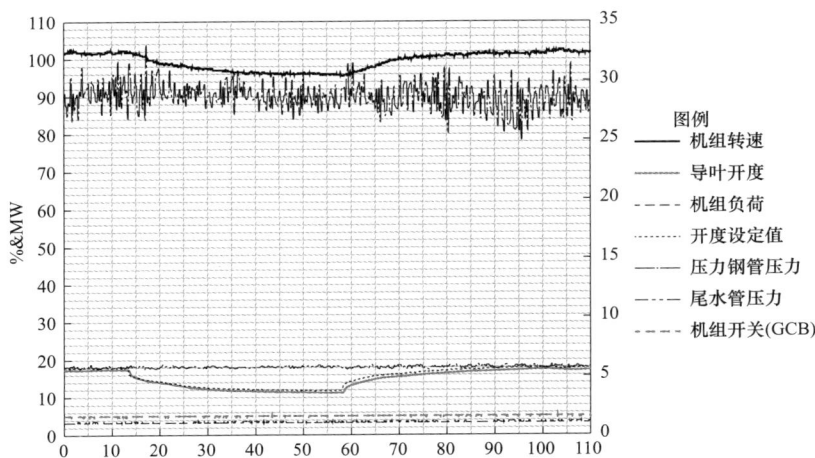

图 3-3-13　-6% 转速设定扰动曲线图

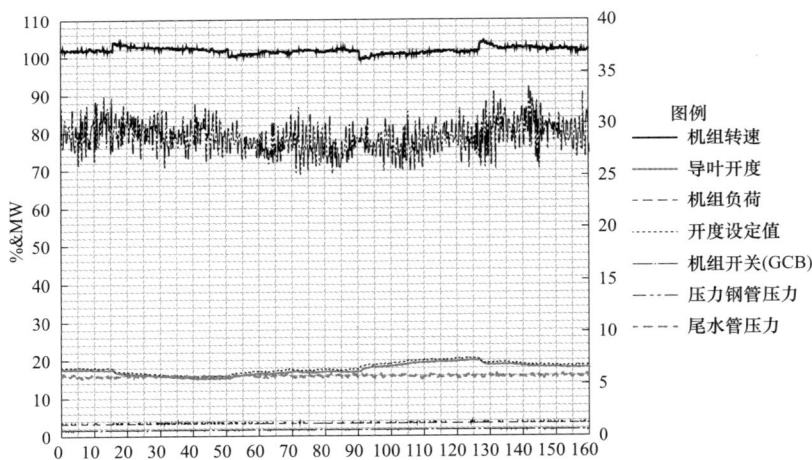

图 3-3-14　±2% 转速反馈扰动曲线图

　　+4% 反馈扰动时，扰动前转速为 102.008%，导叶开度为 17.0625%；扰动后，转速为 105.758%，导叶开度随之下降为 15.75%，最后转速恢复为 102.258% 左右。转速和导叶开度变化平缓，调整时间为 25s，+4% 转速反馈扰动曲线如图 3-3-15 所示，满足设计标准要求。

　　-4% 反馈扰动时，扰动前转速为 101.508%，导叶开度为 17.1875%；扰动后，转速为 97.5074%，导叶开度随之上升为 23.4375%，如最后转速恢复为 101.258% 左右。转速和导叶开度变化平缓，调整时间为 26.9s，-4% 转速反馈扰动曲线如图 3-3-16 所示，满足设计标准要求。

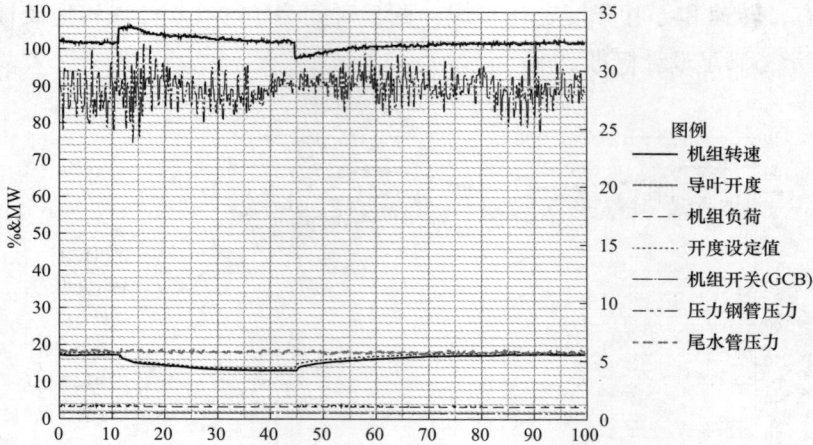

图 3-3-15 +4% 转速反馈扰动曲线图

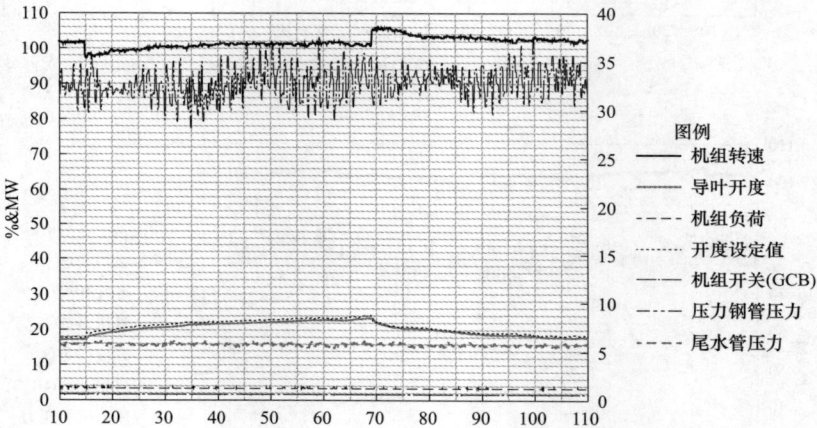

图 3-3-16 -4% 转速反馈扰动曲线图

+6% 反馈扰动时，扰动前转速为 101.508%，导叶开度为 17.5625%；扰动后，转速为 107.508%，导叶开度随之下降为 11.5%，最后转速恢复为 101.758% 左右。转速和导叶开度变化平缓，调整时间为 25.1s，+6% 转速反馈扰动曲线如图 3-3-17 所示，满足设计标准要求。

-6% 反馈扰动时，扰动前转速为 102.008%，导叶开度为 17.4375%；扰动后，转速为 95.7574%，导叶开度随之上升为 24.5%，最后转速恢复为 101.508% 左右。转速和导叶开度变化平缓，调整时间为 24s，-6% 转速反馈扰动曲线如图 3-3-18 所示，满足设计标准要求。

7. 甩负荷试验

甩负荷试验包括抽水工况甩负荷，发电工况 25%、50%、75%、100% 甩负荷试验。

（1）抽水工况甩负荷试验。机组抽水工况运行，联系调度，允许进行抽水甩负荷试验。按下按钮直接断开发电机出口开关进行甩负荷，甩负荷过程对转速、负荷、导叶开度、压力

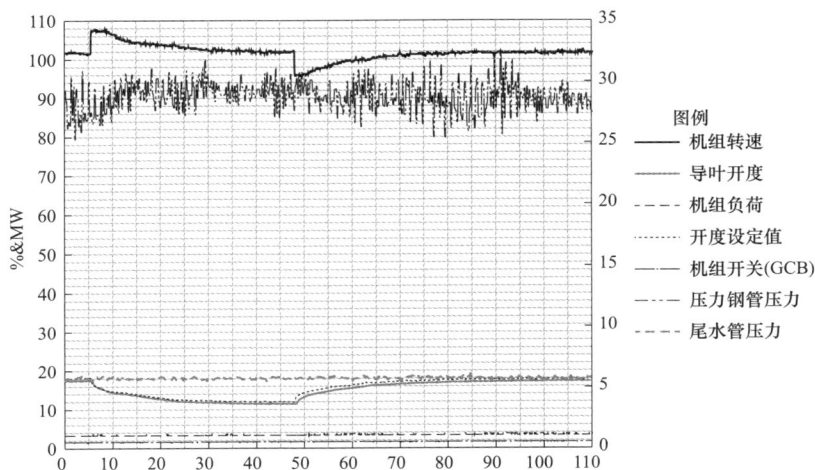

图 3-3-17 +6% 转速反馈扰动曲线图

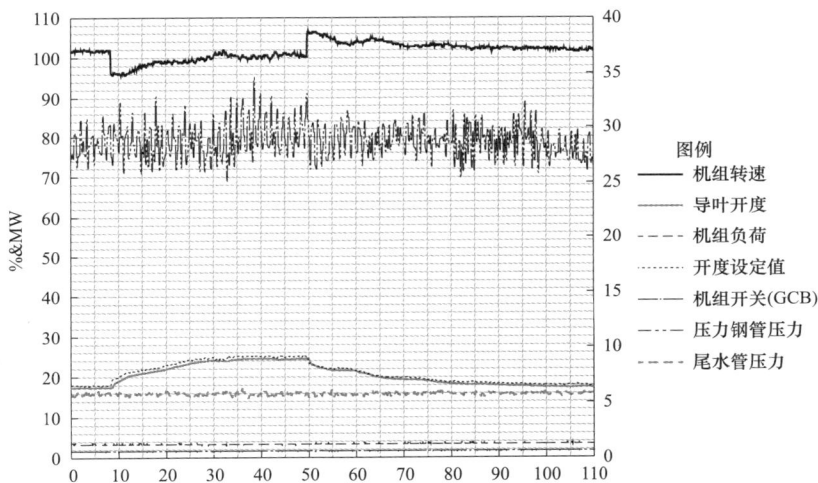

图 3-3-18 -6% 转速反馈扰动曲线图

钢管压力、尾水压力进行录波，压力钢管压力最大下降 16.9%，尾水管压力最大上升 40%，如图 3-3-19 所示。

（2）发电工况甩 25% 负荷试验。机组发电工况带 25% 运行，直接断开发电机出口开关进行甩负荷，甩负荷过程对转速、负荷、导叶开度、压力钢管压力、尾水压力进行录波，如图 3-3-20 所示。压力钢管压力最大上升至 9.0%，尾水管压力最大下降 9.5%。甩负荷后，转速上升至 107.508%，接力器不动时间为 0.15s，满足国标水轮机控制系统技术条件，GB/T 9652.1《水轮机调速系统技术条件》中 4.4.3.3 接力器不动时间：对电调不大于 0.2s、机调不大于 0.3s 的要求。甩负荷后，机组进入旋转备用状态，继续稳定运行。

（3）发电工况甩 25% 负荷试验。机组发电工况带 50% 运行，直接断开发电机出口开关进行甩负荷，甩负荷过程对转速、负荷、导叶开度、压力钢管压力、尾水压力进行录波，如

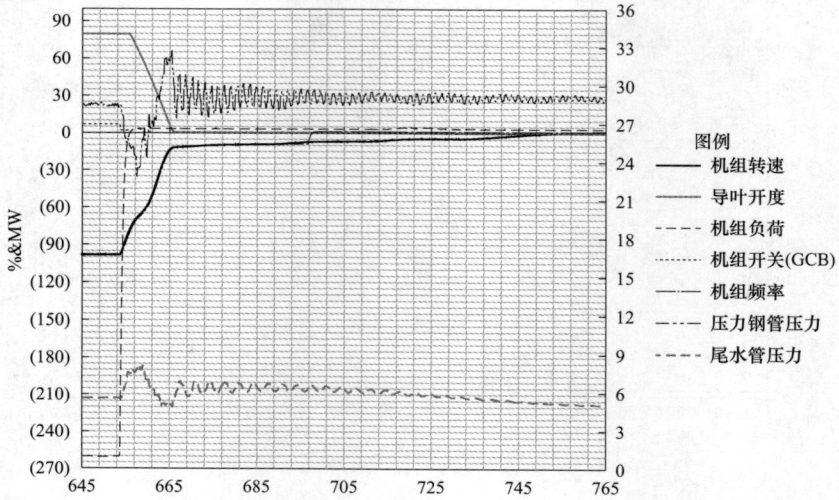

图 3-3-19　抽水工况 250MW 甩负荷曲线图

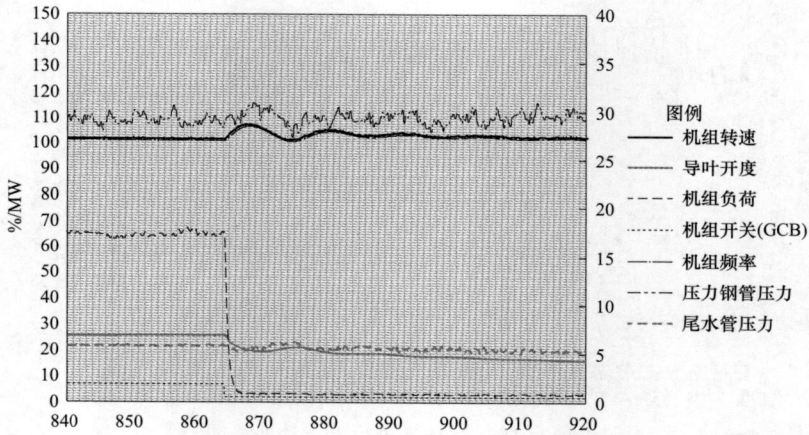

图 3-3-20　发电工况甩 25% 负荷曲线图

图 3-3-21 所示。压力钢管压力最大上升至 17.5%，尾水管压力最大下降 15.4%。甩负荷后，转速上升至 114.258%，接力器不动时间为 0.1s，满足国标水轮机控制系统技术条件，GB/T 9652.1《水轮机调速系统技术条件》中 4.4.3.3 的要求。

（4）发电工况甩 75% 负荷试验。机组发电工况带 75% 运行，直接断开发电机出口开关进行甩负荷，甩负荷过程对转速、负荷、导叶开度、压力钢管压力、尾水压力进行录波，如图 3-3-22 所示。压力钢管压力最大上升至 24%，尾水管压力最大下降 22.3%。甩负荷后，转速上升至 124.758%，机组电气过速继电器动作，机组水力机械事故停机。接力器不动时间为 0.1s，满足国标水轮机控制系统技术条件，GB/T 9652.1《水轮机调速系统技术条件》中 4.4.3.3 的要求。

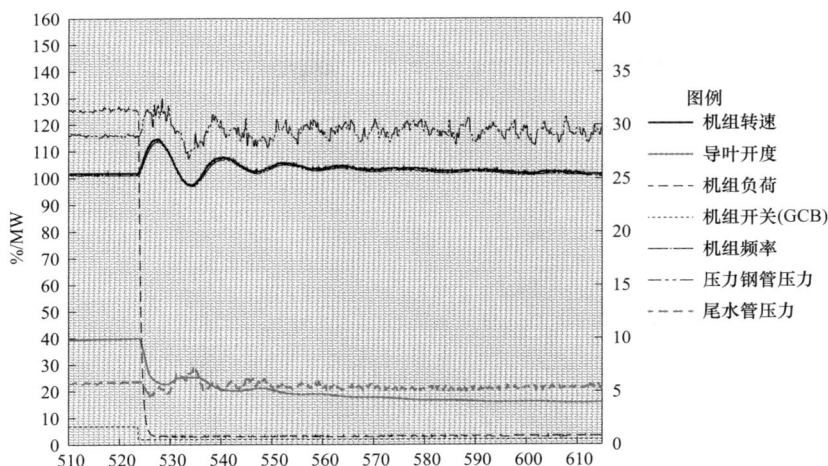

图 3-3-21 发电工况甩 50% 负荷曲线图

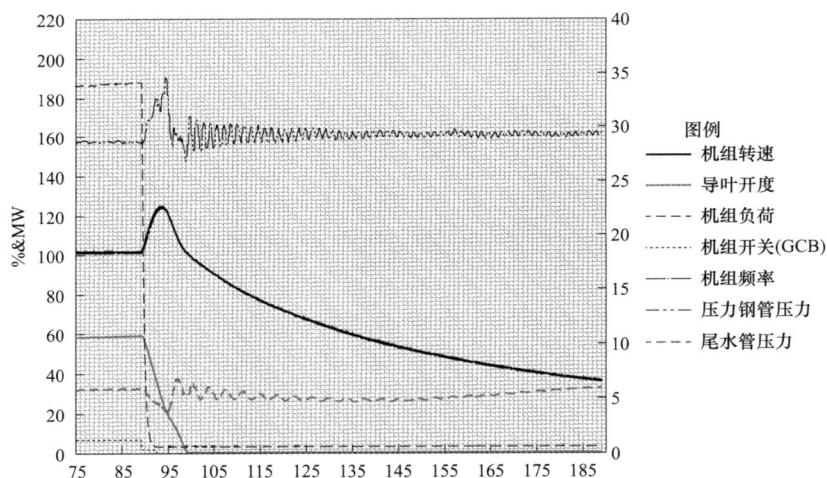

图 3-3-22 发电工况甩 75% 负荷曲线图

（5）发电工况甩 100% 负荷试验。机组发电工况带 100% 运行，直接断开发电机出口开关进行甩负荷，甩负荷过程对转速、负荷、导叶开度、压力钢管压力、尾水管压力进行录波，如图 3-3-23 所示。压力钢管压力最大上升至 27.4%，尾水管压力最大下降 28.1%。甩负荷后，转速上升至 139.508%，机械过速开关和电气过速继电器动作，机组水力机械事故停机，接力器不动时间为 0.1s，满足国标水轮机控制系统技术条件，GB/T 9652.1《水轮机调速系统技术条件》中 4.2.5 的要求。

8. 带负荷试验

带负荷试验包括机组发电工况启动并网试验和负荷扰动试验，负荷扰动试验包含负荷设定扰动和负荷反馈扰动试验。

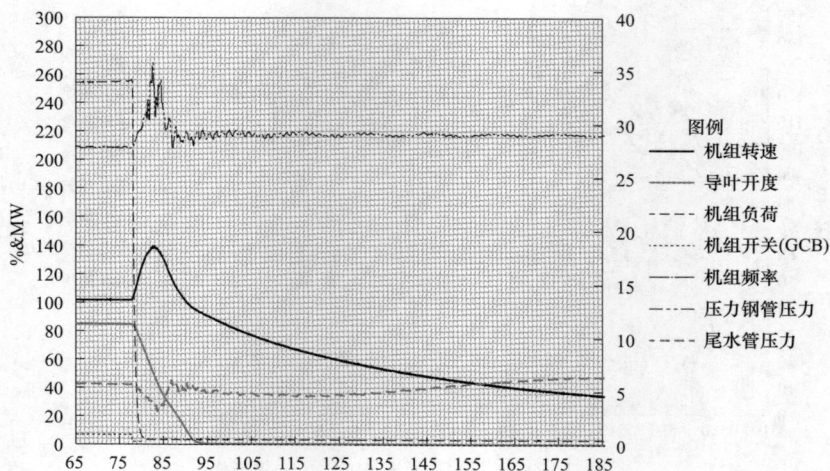

图 3-3-23　发电工况甩 100% 负荷曲线图

机组发电工况并网试验，带 60% 负荷，如图 3-3-24 所示。机组启动开始至机组空载转速偏差小于同期带（+1% ～ -0.5%）的时间 t_{SR} 为 48.5s，机组启动开始至机组转速达到 80% 额定转速的时间为 20.75s，满足国标水轮机控制系统技术条件，GB/T 9652.1《水轮机调速系统技术条件》中 4.4.2：机组启动开始至机组空载转速偏差小于同期带（+1% ～ -0.5%）的时间 t_{SR} 不得大于从机组启动开始至机组转速达到 80% 额定转速时间的 5 倍。

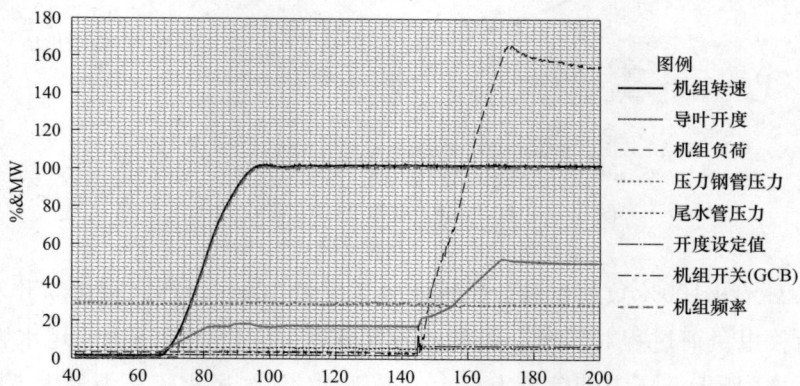

图 3-3-24　机组发电工况带负荷试验

发电工况运行 20min 后，分别给定 ±3.3333%（对应 10MW 负荷）、±6.6666%（对应 20MW 负荷）、±16.6667%（对应 50MW 负荷）的扰动，在录波器上观察负荷和导叶开度波形，如图 3-3-25 ～图 3-3-32 所示。无论是负荷设定扰动还是负荷反馈扰动，调速器均能良好跟踪负荷实际设定值，负荷调节曲线平滑，且无超调量。

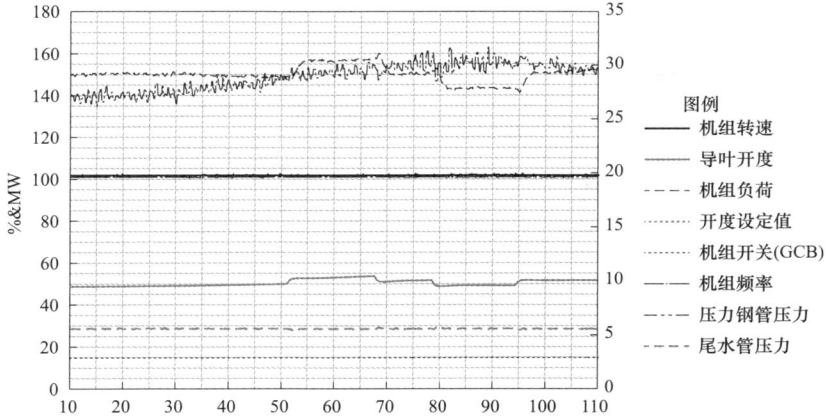

图 3-3-25 ±10MW 负荷设定扰动曲线图

图例
机组转速
导叶开度
机组负荷
开度设定值
机组开关(GCB)
机组频率
压力钢管压力
尾水管压力

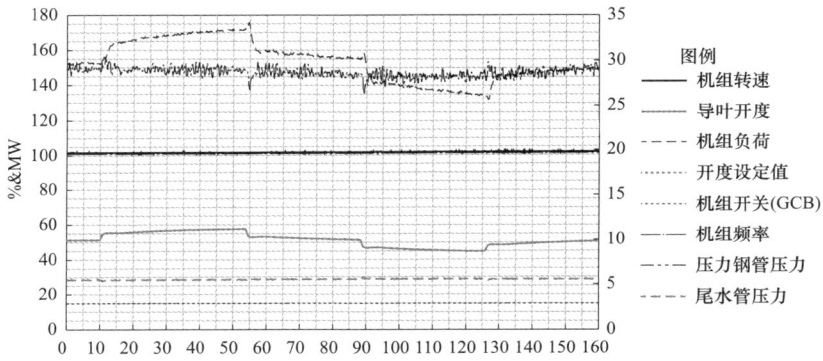

图 3-3-26 ±20MW 负荷设定扰动曲线图

图例
机组转速
导叶开度
机组负荷
开度设定值
机组开关(GCB)
机组频率
压力钢管压力
尾水管压力

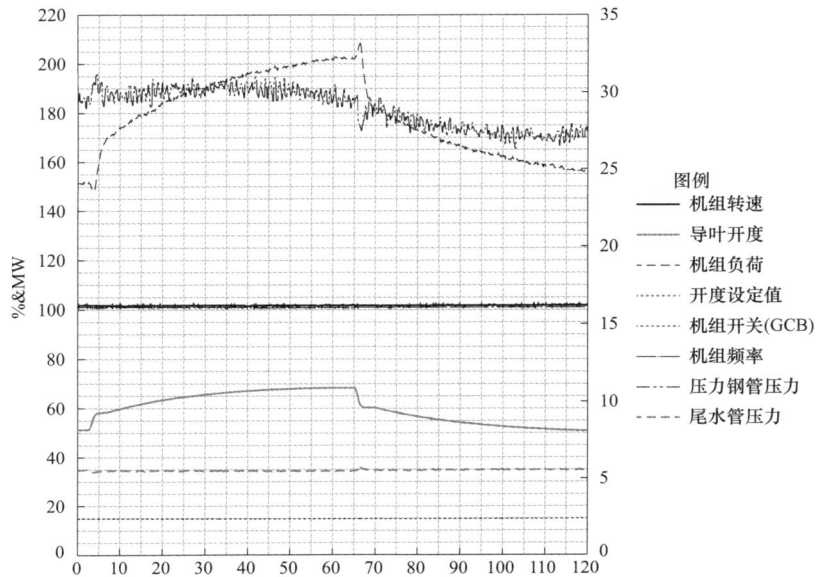

图 3-3-27 +50MW 负荷设定扰动曲线图

图例
机组转速
导叶开度
机组负荷
开度设定值
机组开关(GCB)
机组频率
压力钢管压力
尾水管压力

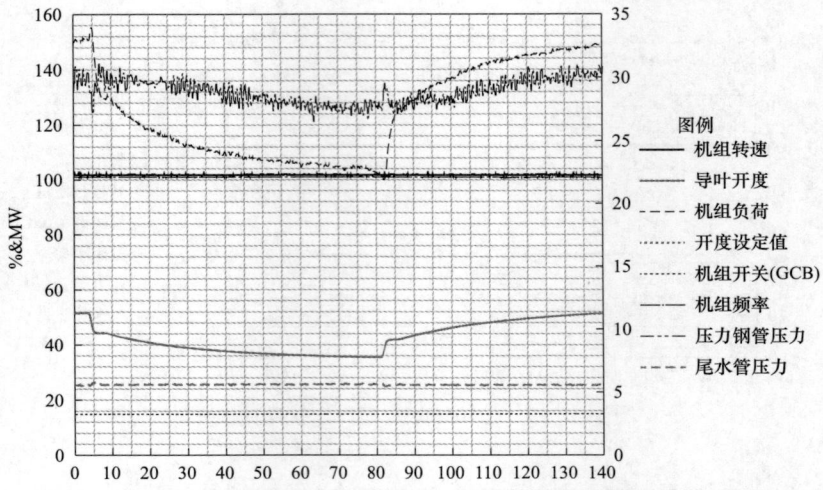

图 3-3-28 -50MW 负荷设定扰动曲线图

图例
机组转速
导叶开度
机组负荷
开度设定值
机组开关(GCB)
机组频率
压力钢管压力
尾水管压力

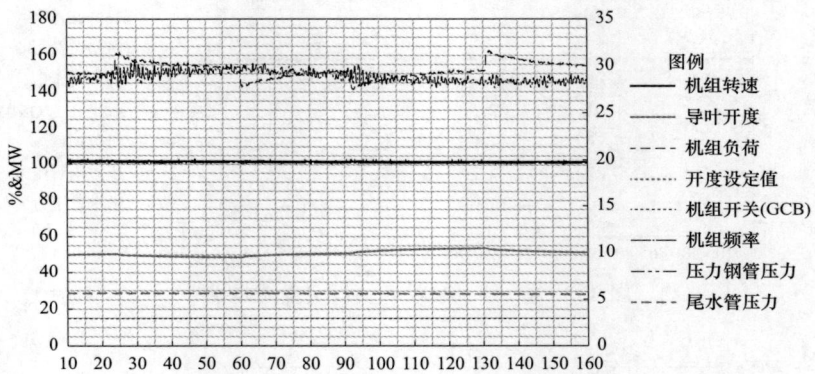

图 3-3-29 ±10MW 负荷反馈扰动曲线图

图例
机组转速
导叶开度
机组负荷
开度设定值
机组开关(GCB)
机组频率
压力钢管压力
尾水管压力

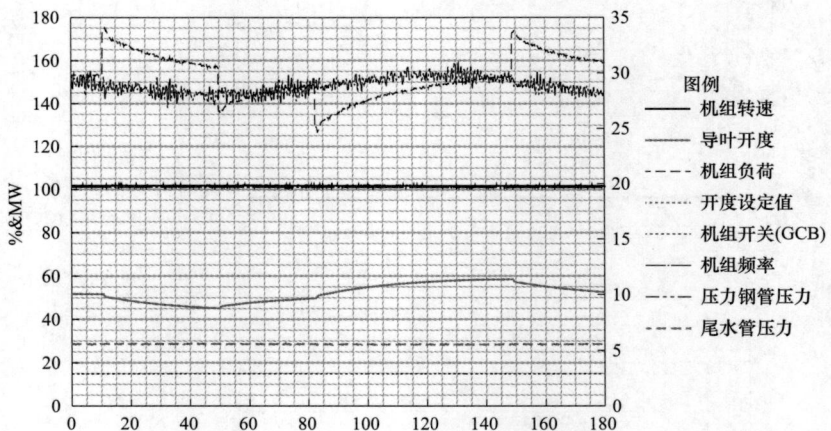

图 3-3-30 ±20MW 负荷反馈扰动曲线图

图例
机组转速
导叶开度
机组负荷
开度设定值
机组开关(GCB)
机组频率
压力钢管压力
尾水管压力

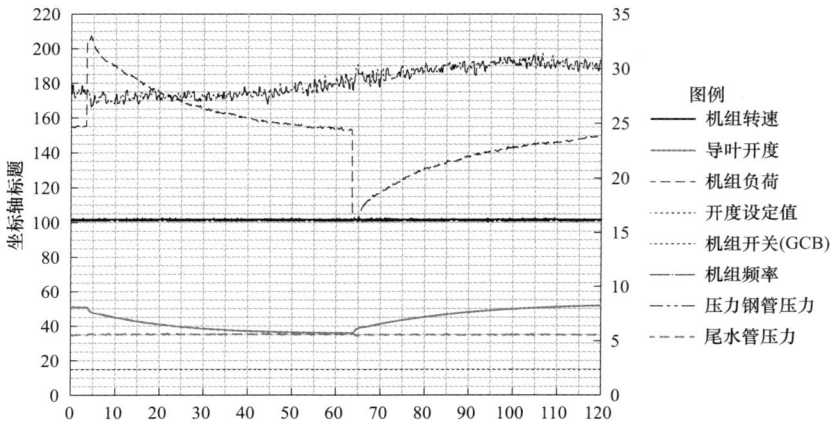

图 3-3-31 +50MW 负荷反馈扰动曲线图

图例
机组转速
导叶开度
机组负荷
开度设定值
机组开关(GCB)
机组频率
压力钢管压力
尾水管压力

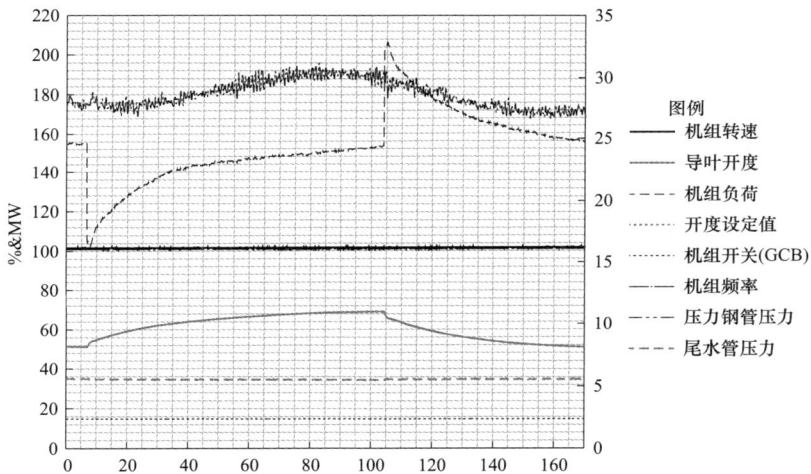

图 3-3-32 -50MW 负荷反馈扰动曲线图

图例
机组转速
导叶开度
机组负荷
开度设定值
机组开关(GCB)
机组频率
压力钢管压力
尾水管压力

9. 事故低油压停机试验

机组冲转至转速 100%，将调速器油泵停运，调速器油气罐压力逐渐降低，下降至事故低油压定值时，机组水力机械事故停机。

10. 一次调频试验

机组发电工况带 60%、75%、90%、100% 负荷运行，改变网频给定值，进行录波一分钟。根据《水电厂机组一次调频试验大纲》（修订版）规定：网频变化小于 0.05Hz 时（一次调频死区），机组负荷不变；网频变化 ±0.06Hz 时，机组负荷随之增减 2MW；网频变化 ±0.1Hz 时，机组负荷随之增减 10MW；网频变化 ±0.2Hz 时，机组负荷随之增减 30MW；网频变化 ±0.3Hz 时，机组负荷随之增减 50MW，见表 3-3-4。

表 3-3-4 网频变化对应机组负荷

网频（Hz）	机组负荷变化（MW）
49.96	0
49.94	+2
49.90	+10
49.80	+30
49.70	+50
50.04	0
50.06	−2
50.10	−10
50.20	−30
50.30	−50

额定水头在 50m 以上的水电机组，其一次调频负荷响应滞后时间应小于 4s，当电网频率变化超过机组一次调频死区时，机组一次调频的负荷调整幅度应在 15s 内达到一次调频的最大负荷调整幅度的 90%，当电网频率变化超过机组一次调频死区时开始的 45s 内，机组实际负荷与机组响应目标偏差的平均值应在机组额定有功负荷的 ±5% 以内。

网频变化小于 −0.05Hz 时（一次调频死区），机组负荷不变，如图 3-3-33 所示。

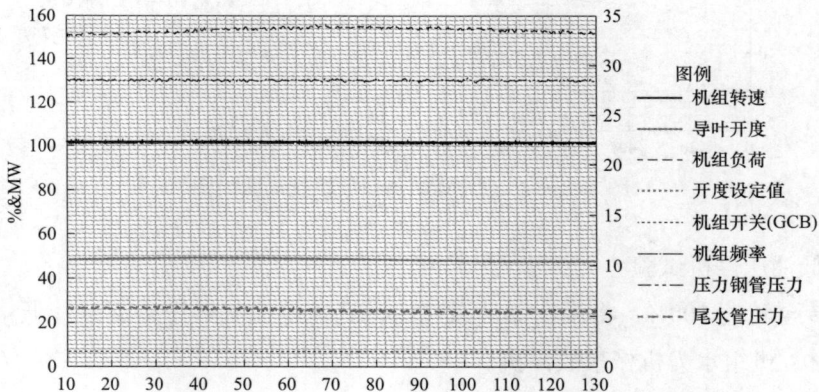

图 3-3-33 网频变化 −0.05Hz

网频变化 −0.06Hz 时，机组负荷随之增加 2MW，负荷响应滞后时间为 1.15s，小于 3s，满足要求；一次调频的负荷调整幅度在 15s 内已达到 1.875MW，大于一次调频的最大负荷调整幅度的 90%；45s 内最大负荷变化 +2.40MW，且一次调频已经稳定，满足要求，曲线如图 3-3-34 所示。

其余负荷点与频差点依次进行。

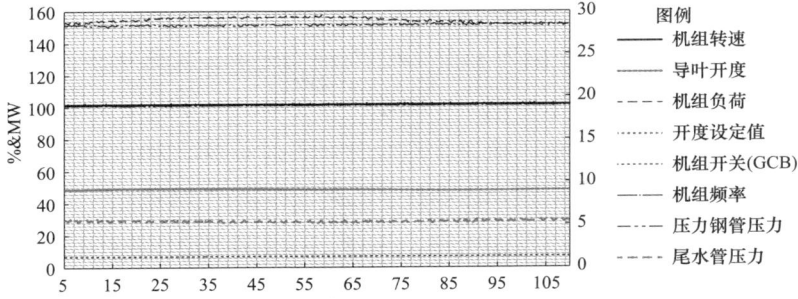

图 3-3-34　网频变化 -0.06Hz

11. 调速器参数建模试验

建模试验主要包括调速器模型参数测试试验和模型参数仿真校核，模型参数测试试验包括主环 PID 环节校验、执行机构小阶跃动作特性试验、执行机构大阶跃动作特性试验、执行机构模型的仿真校核、并网条件下导叶阶跃扰动试验、并网条件下动态频率扰动试验。模型参数仿真校核试验包含模型参数计算、稳定计算用模型参数、频率扰动的仿真校验。

五、调速器电调系统和液压控制系统典型案例

（一）调速器电调系统、液压控制系统典型案例

1. 1 号机组发电工况运行有功功率异常缺陷分析处理

（1）故障现象。10:20:00，省调令 1 号机组发电开机，负荷 150MW。10:23:00，1 号机组发电工况并网，但有功功率直接上升至 190MW 左右。运维人员在 1 号机组调速器现地控制单元柜检查发现触摸屏上显示有功功率设定值为 150MW，但反馈值却为 190.2MW（见图3-3-35），导叶开度设定值为 45.8%，导叶开度实际反馈值为 60.94%，如图 3-3-35 所示，查看 A2000 多功能功率表显示 1 号机有功功率为 191MW，与调速器显示的有功功率反馈值基本一致，因此初步判断调速器导叶控制回路存在异常或其他问题。

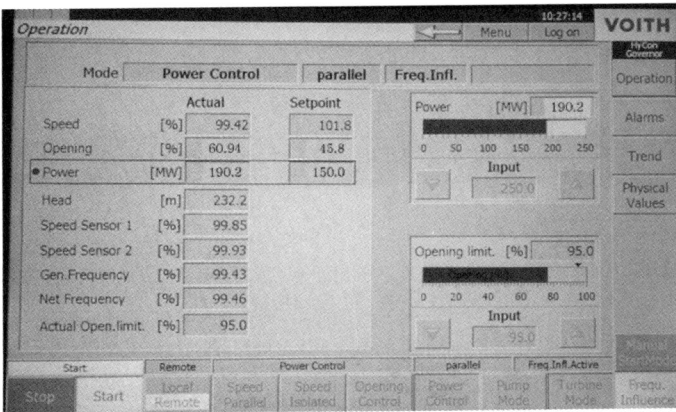

图 3-3-35　1 号机组发电工况运行有功功率异常

（2）原因分析。运维人员对 1 号机调速器电调程序进行在线分析，发现监控系统下发至 1 号机调速器电调系统的负荷设定值为 150MW，对应当前水头换算导叶开度为 45.8%，但导叶开度指令实际输出为 61%，叠加了 15.2% 的导叶开度输出，分析发现此叠加的 15.2% 的导叶开度输出为一次调频动作所导致，检查发现此时网频信号显示为 99.46%，即 49.73Hz，查阅 1 号机组一次调频报告和一次调频动作曲线，当网频为 49.73Hz 时，一次调频动作大约增加 40MW 负荷。1 号机组一次调频报告见表 3-3-5，一次调频动作曲线如图 3-3-36 所示。

表 3-3-5   1 号机组一次调频报告

机组负荷变化（MW）	网频（Hz）									
	49.70	49.80	49.90	49.94	49.96	50.04	50.06	50.10	50.20	50.30
ΔP_i	+50.00	+30.00	+10.00	+2.00	0.00	0.00	-2.00	-10.00	-30.00	-50.00
ΔP	+49.49	+29.25	+10.12	+2.40	0.00	0.00	-3.38	-11.25	-31.12	-50.09

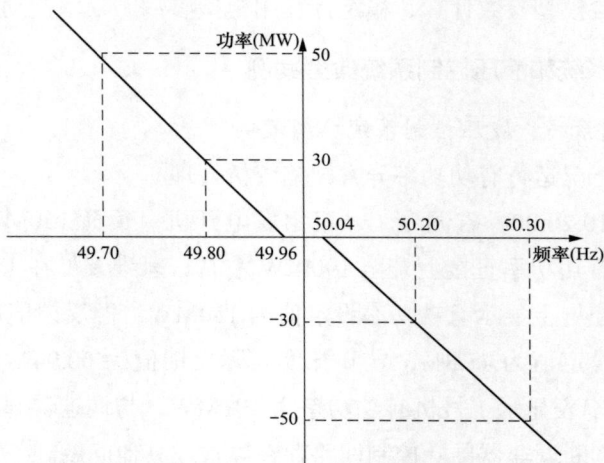

图 3-3-36   一次调频动作曲线

查看 2、3、4 号机组网频信号均为 50Hz，因此初步判定 1 号机调速器网频测量回路存在异常，导致 1 号机组负荷设定值与反馈值存在偏差。

（3）处理过程。查看 1 号机调速器网频测量二次回路如图 3-3-37 所示，网频信号取自 1 号主变压器低压侧 TV 二次空气断路器，经过网频测量模块 -T22，将频率信号输出至 -K33 进入调速器电调程序。

运维人员用万用表测量 -T22 输出频率为 50.00Hz，稳定不变，因此基本排除网频测量模块 -T22 故障的可能性。解开网频测量模块 -T22 的输出端 -T22:3 和 -T22:4，利用信号发生器对频率测量模块 -K33 进行校验，误差较大，且对新的频率测量模块 -K33 备件进行校验，校验结果满足运行要求，更换后进行 1 号机组发电工况试验，试验正常。

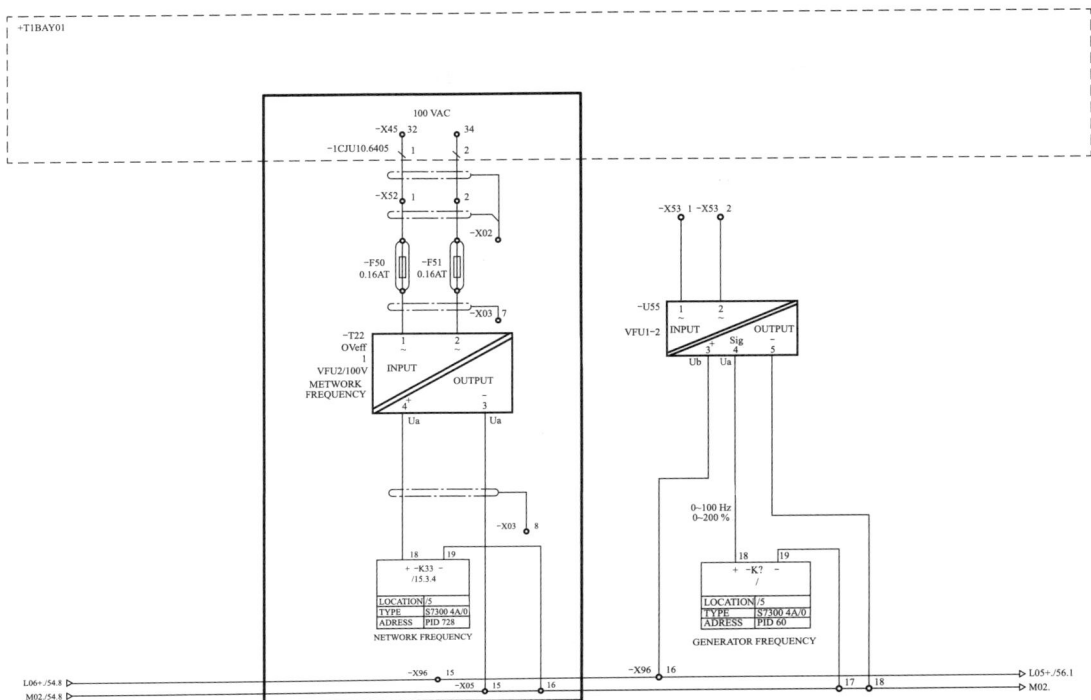

图 3-3-37　网频测量二次回路图

2. 调速器大故障动作导致工况转换失败

（1）故障现象。某电站 1 号机组发电停机流程执行中，监控报出"调速器大故障，1 号机组电气故障停机操作（流程自启动）"。

当日运维人员检查发现 1 号机组停机流程开始执行后，调速器正常关导叶降有功。有功下降至 45MW 后，出口开关分闸。流程执行至监控发"调速器发电工况停机令"时，无开出令报文。"1 号机组投入事故停机电磁阀 AD200"令正常开出，2s 后 A 套故障，调速器切 B 通道。B 套主用 2s 后再次故障，触发调速器故障事故启动源，机组开始执行事故停机流程。期间导叶开度与机组转速变化过程无异常，停机复归报警后机组恢复备用。

（2）原因分析。造成该故障可能的原因如下：

1）调速器开入板卡及其回路异常。

2）监控"调速器发电工况停机令"回路异常。

（3）处理过程。现场检查主配本体无异常，主配反馈探头固定牢固，无松动迹象，报文检查变负荷过程正常，导叶动作过程正常，调速器无相关报警，可排除本体及反馈的异常。

调速器开入板卡及其回路异常：现场接线回路检查正常，端子无松动。通过报文可知，调速器可以接收到"调速器发电工况停机令"等信号，且 1 号机组调速器设有 A、B 两套独立通道，开入板卡独立，都可收到相关信号，可排除回路异常。

监控"调速器发电工况停机令"回路异常：报文检查发现依据流程设定，当流程执行至监控发"调速器发电工况停机令"时，监控应先后发出"1号机组投入事故停机电磁阀AD200"（至现地电磁阀）、"调速器发电工况停机令"（至调速器电调柜）。但报文中无"调速器发电工况停机令"记录，"1号机组投入事故停机电磁阀AD200"正常开出。1号机组停机流程如图3-3-38所示。

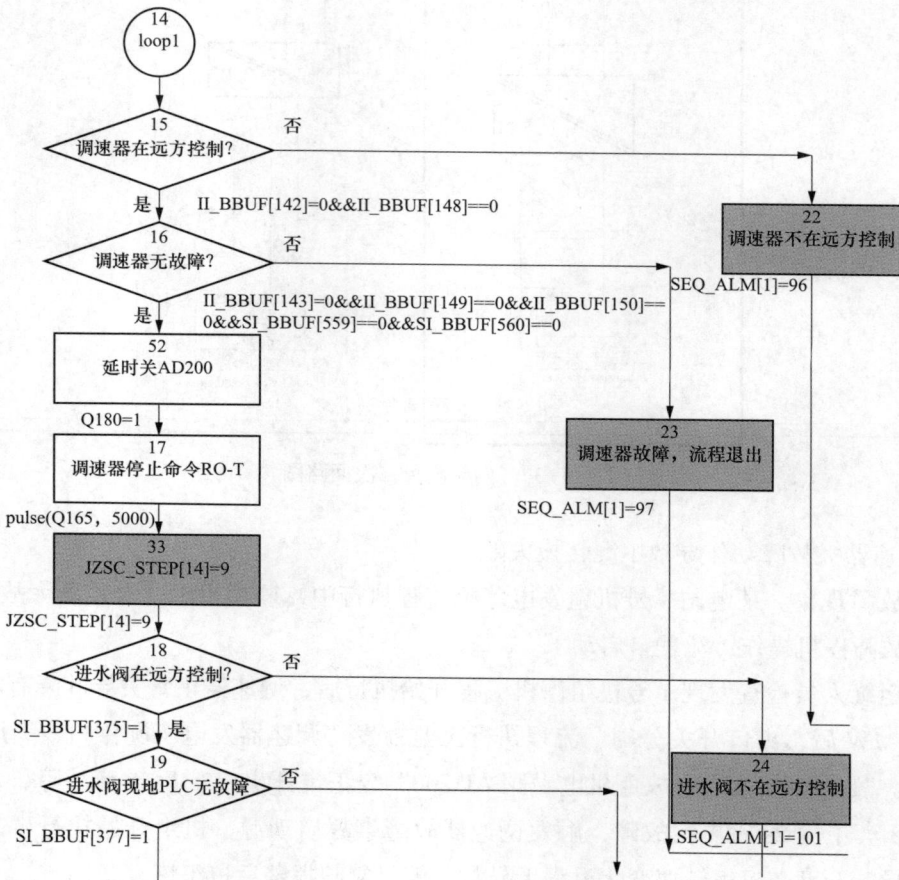

图3-3-38　1号机组停机流程图

1号机组调速器油路如图3-3-39所示，调速器电调柜通过电液转换器操作主配压阀导叶腔油回路，实现对导叶开度的控制。其中油回路经过事故停机电磁阀AD200，用于事故停机紧急关导叶与停机时闭锁导叶开启回路。事故停机电磁阀AD200动作后，主配压阀开启腔油回路被切断，主配不再受控于调速器电调柜。

当机组停机流程执行至监控发"调速器发电工况停机令"时，监控仅发出"1号机组投入事故停机电磁阀AD200"命令（至现地电磁阀），未发出"调速器发电工况停机令"（至调

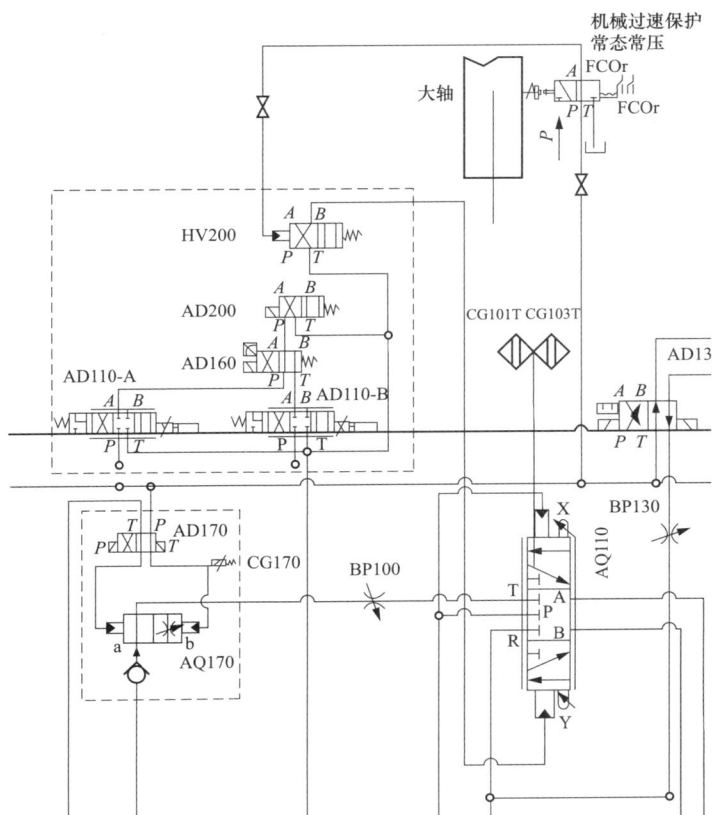

图 3-3-39 1 号机组调速器油回路图

速器电调柜）。调速器判断机组为空载态，但因主配油路已被切断，复位至关闭位置，此时主配反馈与设定不一致，触发主配随动异常报警。依据调速器报警列表设置逻辑，当主配反馈动作方向相反或者主配动作行程与设定偏差 10% 时，延时 1.5s，报主配随动异常"液压拒动故障 02"报警。根据报文与调速器报警可知，事故停机电磁阀 AD200 动作 2s 后，A 套故障，调速器切 B 通道。B 套主用 2s 后再次故障，触发调速器故障事故启动源，机组开始执行事故停机流程。

"调速器发电工况停机令"与"1 号机组投入事故停机电磁阀 AD200"在流程中同一判断下调用，且处于同一 DO 板卡下。其中"1 号机组投入事故停机电磁阀 AD200"等可以正常开出，由此判断流程执行无问题、控制总线信号无问题。通过和南瑞技术人员确认，开出报文为 DO 板卡动作反馈信息。"调速器发电工况停机令"无报文，为 DO 开出板卡异常导致命令未发出，锁定故障原因为监控系统 DO6 开出板卡异常。

通过上述排查过程，确认故障点为监控系统 DO6 开出板卡异常，导致"调速器发电工况停机令"未发出，调速器判断主配位置与设定不符，触发调速器故障，执行事故停机。

现场强制调用"调速器发电工况停机令"开出点 248 次，动作过程正常，未能复原事故

111

发生时现象。通过和南瑞技术人员确认，开出报文为 DO 板卡动作反馈信息。未发出报文，可判断 DO 板卡故障。考虑板卡故障存在偶发因素，故对该 DO6 开出板卡进行更换。更换后逐点进行开出信号试验，现场设备动作反馈正常。现场进行 1 号机组旋转备用试验，机组启停过程正常，监控系统运行正常。

3. 4 号机组调速器信号放大隔离模块故障导致导叶无法动作

（1）故障现象。某电站 4 号机组 C 级检修。为配合检修人员测量导叶立面和端面间隙，运维人员现场操作导叶，当打开油路、通过控制盘柜发令开启导叶时，发现导叶无法正常开启动作。

（2）原因分析。分析故障存在的可能原因，主要有以下几种：

1）油压回路未正确打开，导叶无法开启。

2）油压装置阀组异常。

3）导叶开启信号回路异常，电液转换器未接收到开启信号。

4）导叶开启信号回路二次元器件故障。

（3）处理过程。对照运行图册，如图 3-3-40 所示，再次核对压力油罐出口主供油路阀门、控制油路阀门的状态，确认阀门无异常。压力油罐的压力为 5.9MPa，压力正常。

因检修前机组导叶动作未出现过异常，且检修期间调速器油压装置的阀组暂未曾拆解检修过，阀组异常的可能性较小。对照图纸，对导叶开启命令、位置反馈信号二次回路进行检查，未发现回路端子松动等异常情况。导叶开启分为手动和自动两个回路，当调速器在自动模式时，电信号从调速器发出，如图 3-3-41 所示，进入信号放大隔离模块 EVB 01，信号转换后进入电液转换器；当调速器在手动模式时，电信号从手动回路进入信号放大隔离模块 EVB 01，信号转换后进入电液转换器，如图 3-3-42 所示。在现场尝试通过程序发令开导叶，导叶仍不动作。结合程序发令和现地手动回路发令，可以确定故障位置在 EVB 01 以及之后回路的可能性较高。

EVB 01 模块是一个信号隔离放大模块，该模块的功能为将输入的 $\pm10V$（$\pm10mA$）转换为 $\pm300mA$，说明书参数及逻辑框如图 3-3-43、图 3-3-44 所示。

拆开电液转换器外罩，再次手动发令开启导叶，测量电液转换器信号接入处的电流值未测得信号；测量 EVB 01 模块输出侧电流值，无电流；测量 EVB 01 模块输入侧，有电压，可以判断 EVB 01 模块故障。更换新的模块后多次手动开启导叶正常，测量更换后的模块的输入和输出，均正常，故障消除。

4. 调速器压力油罐事故低油压保护动作导致发电跳机

（1）故障现象。4 号机发电工况带 85MW 负荷（投 AGC）稳态运行中由于调速器事故低油压动作导致机组机械跳机。

（2）原因分析。4 号机组调速器油压装置事故低油压动作导致机组机械跳机，事故低油压信号是通过调速器压力油罐 6 号压力开关进行判断的，若压力油罐压力小于 5.2MPa（实际

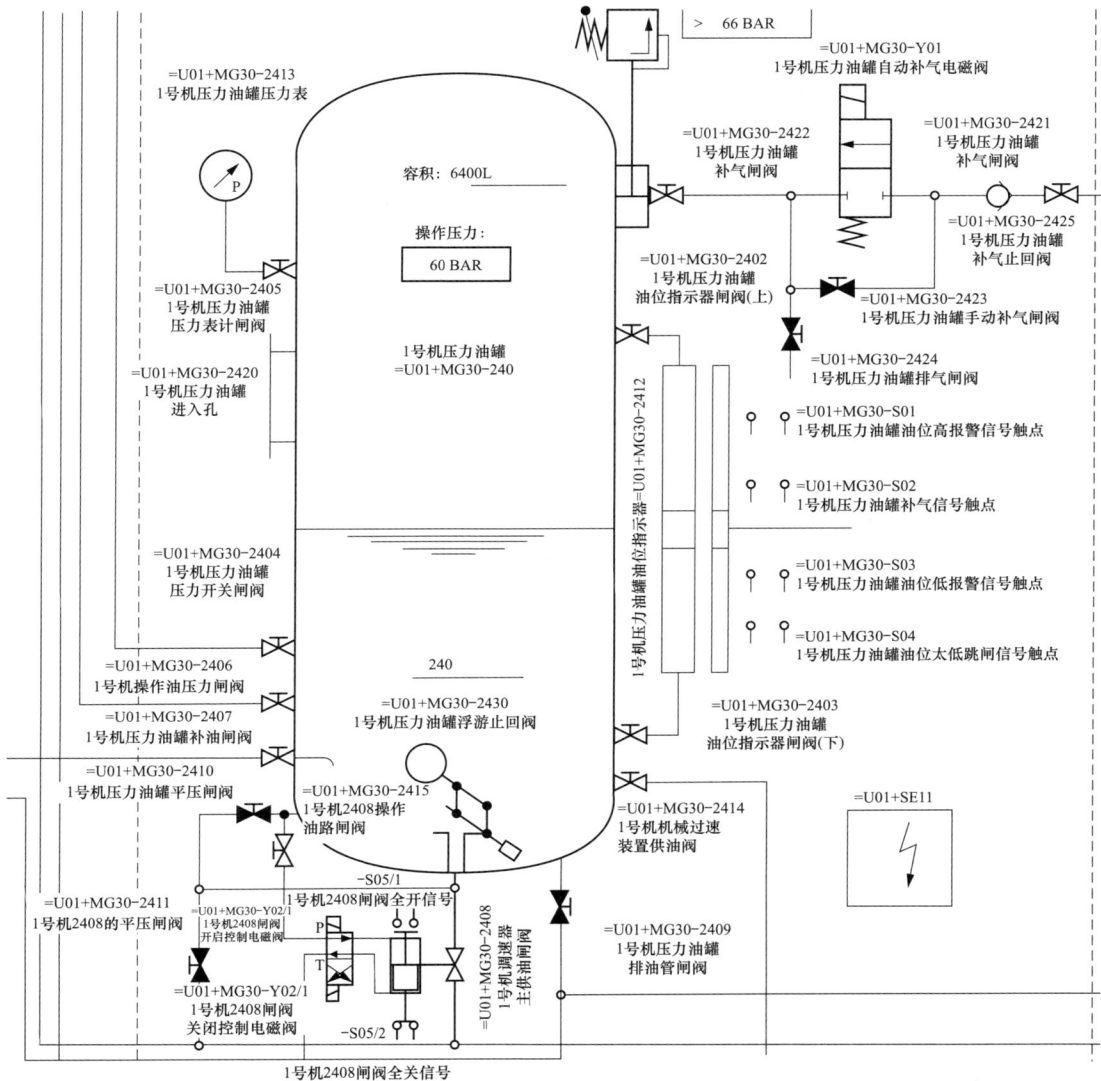

图 3-3-40　调速器压力油罐油路连接图

整定为 5.23MPa）将使压力开关动作，动作节点送监控 LCU 使监控 K0002 继电器动作，该继电器动作后一副节点进入机组机械跳机硬回路，另一副节点经 DI 进入监控程序进行机组机械跳机判断，如图 3-3-45 所示。

　　出现事故低油压信号有可能是压力开关误动作，或调速器压力油罐压力确实低于 5.23MPa。运维人员首先查看监控上位机调速器压力油罐压力，发现上位机关于调速器液压系统画面上所有通信量信号均显示为黑色断线状态，压力油罐压力维持在 6.3MPa 不变，如图 3-3-46 所示。运维人员赴现地查看调速器油控柜触摸屏，发现调速器压力油罐压力维持在 6.299MPa 不变，查看压力油罐上的压力表显示却为 5MPa，如图 3-3-47 所示。打开调速器油控柜查看 PLC 运行情况，此时调速器油控柜上 PLC 故障灯在亮，并发现 PLC 最后两块 TSX DSY16T2 DO 板卡 RUN 灯常亮，ERR 灯在闪烁；PLC 的 TSX P57104 CPU 板卡

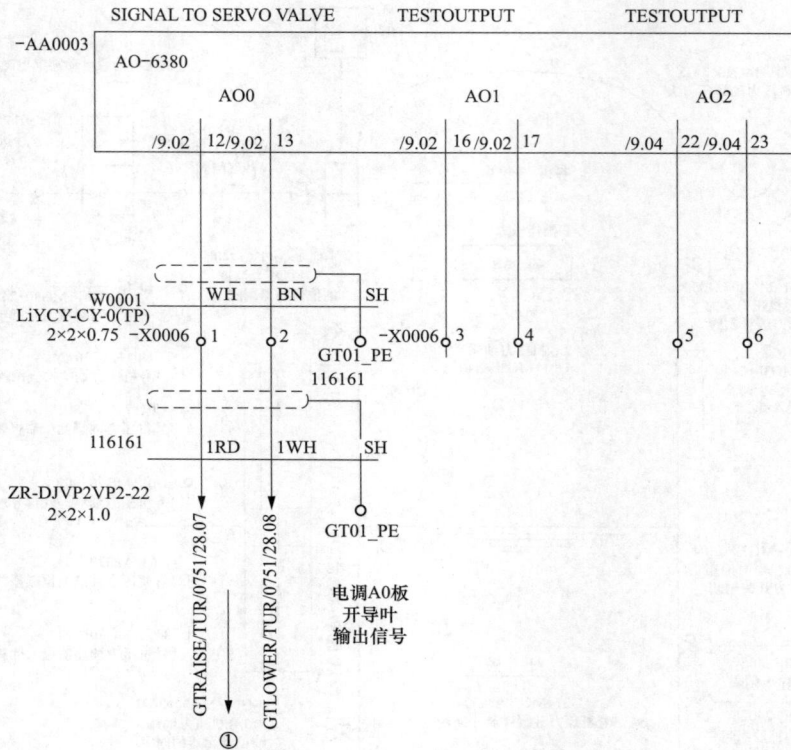

图 3-3-41　电调导叶控制信号输出回路

RUN 灯未亮，ERR 灯常亮，I/O 灯常亮，如图 3-3-48 所示。由此初步判断调速器油控柜 PLC 故障导致其至监控的通信信号断线，油控柜触摸屏上压力信号为假信号调速器压力油罐实际压力为 5MPa，事故低油压正确动作。

运维人员用调速器油控柜 PLC 专用电脑连上 PLC，检查 PLC 程序代码并未发现异常。查看 TSX DSY16T2 DO 板卡指示灯状态说明，当 ERR 灯闪烁、RUN 灯常亮表示通信错误，即 TSX DSY16T2 板卡与 CPU 板卡通信错误，如图 3-3-49 所示。

查看 TSX P57104 CPU 板卡指示灯状态说明，当 RUN 灯熄灭表示 PLC 未配置或者应用程序缺失、无效不兼容。因 PLC CPU 板卡正常配置，故判断为 PLC 应用程序无效；当 ERR 灯常亮表示处理器或系统故障，即 CPU 故障；I/O 灯常亮表示输入/输出错误，通道或配置错误，判断为与 DO 板卡通信错误有关，如图 3-3-50 所示。

查看监控事件列表 10:15:47.250 4 号机组调速器油泵自动位信号丢失，并报调速器系统油压装置 PLC 故障（通过 DO 模块送监控的常闭点输出），可判定 DO 板卡此时发生了通信故障，此时即使 PLC 有启泵信号，DO 板卡也将无法输出油泵启停信号，油泵则不能启动打压；同时，因 DO 板卡通信故障导致油压低报警（定值 5.6MPa）无法正常输出。

4 号机跳机前 AGC 已投入，导叶频繁调节，调速器压力油罐在油泵无法打压情况下压力快速下降，最终导致压力油罐事故低油压保护动作。

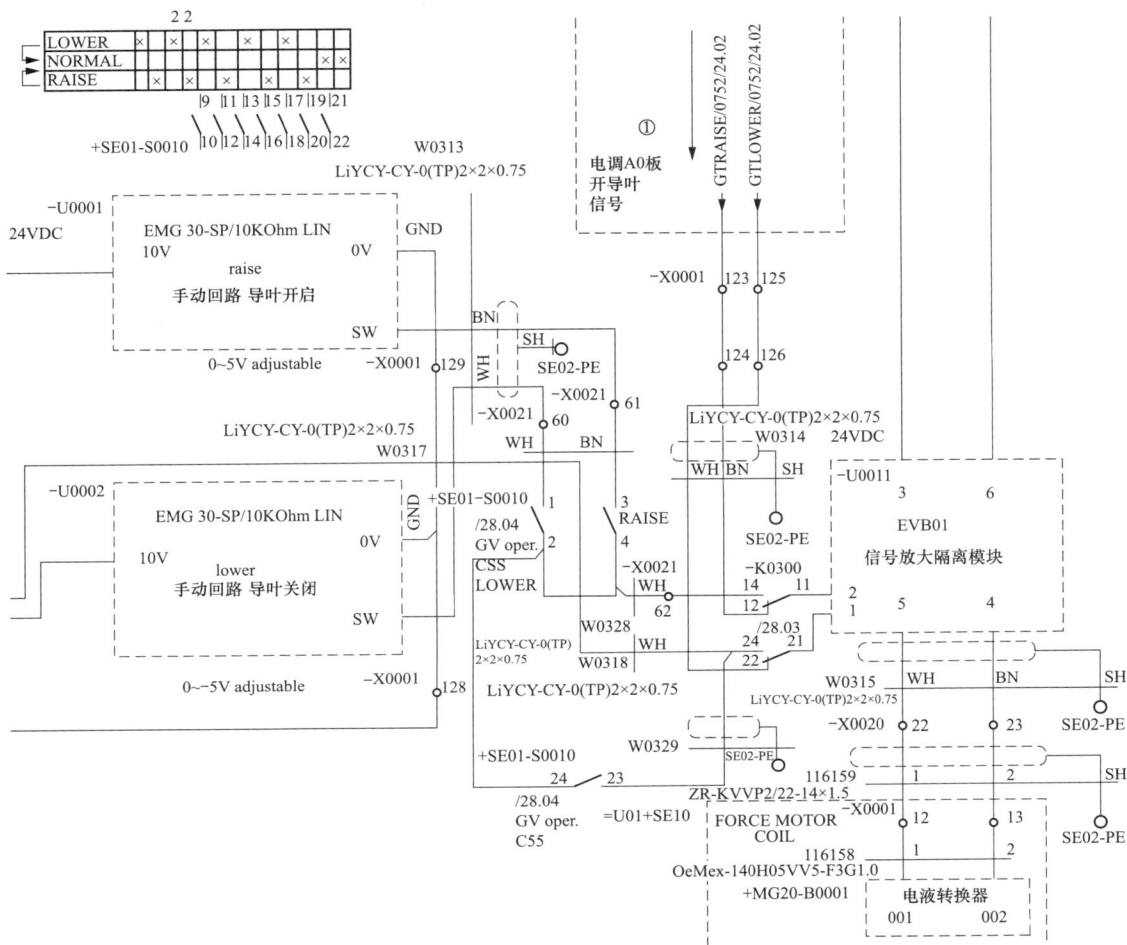

图 3-3-42　现地控制柜程序、手动导叶控制回路

View:

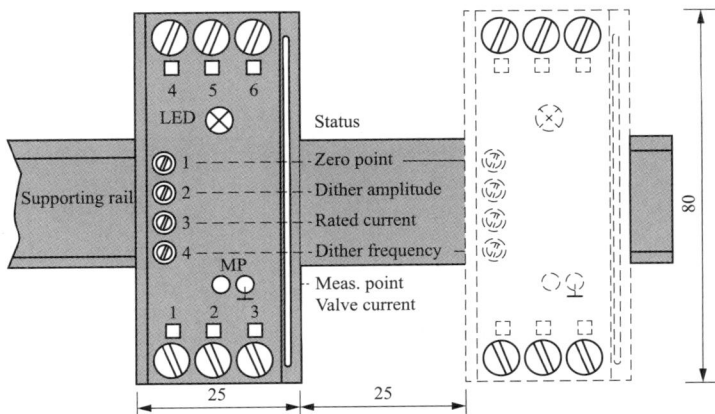

图 3-3-43　信号放大隔离模块结构示意图

Block Diagram

EVB 01: J1 not plugged
EVB 02: J1 plugged

Power Supply
24V D.C.

EVB 01/02

Dither
P4
Frequency
P2
Amplitude

Supply

ok

Adjustment potentiometers:
P1: =Zero point
P2: =Dither amplitude
P3: =Rated current
P4: =Dither frequency

Servo (proportional) valve

CNC control
Controller
PLC
UMC16
SPC16

0…±10V
2

0…±10V

1

J1

P1

Zero

P3

Test point current
10V=1000mA

Rated current

Servo out 5

4

6 3

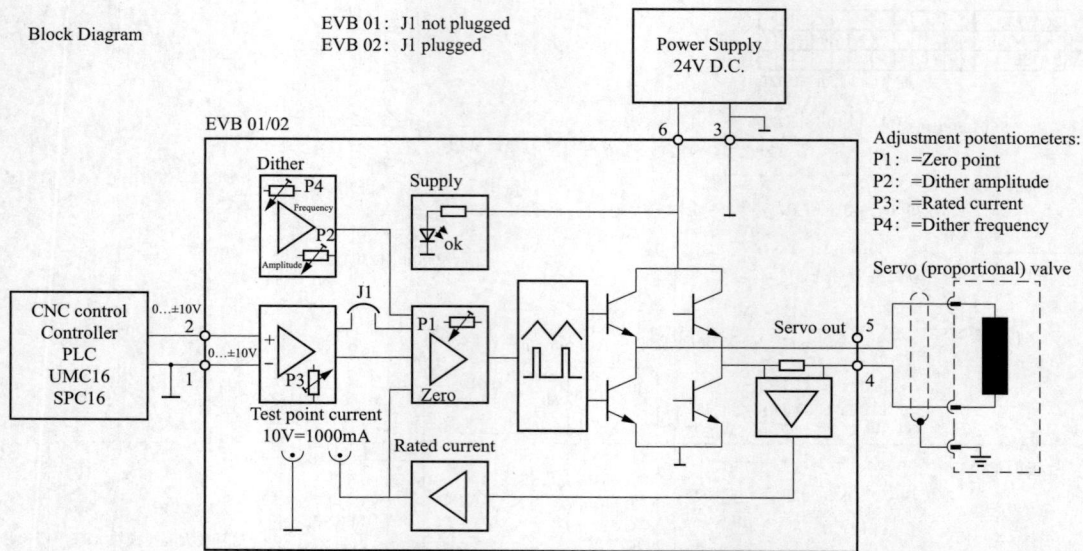

图 3-3-44 信号放大隔离模块功能框图

调速器油系统事故低油压

调速器油压罐事故低油位

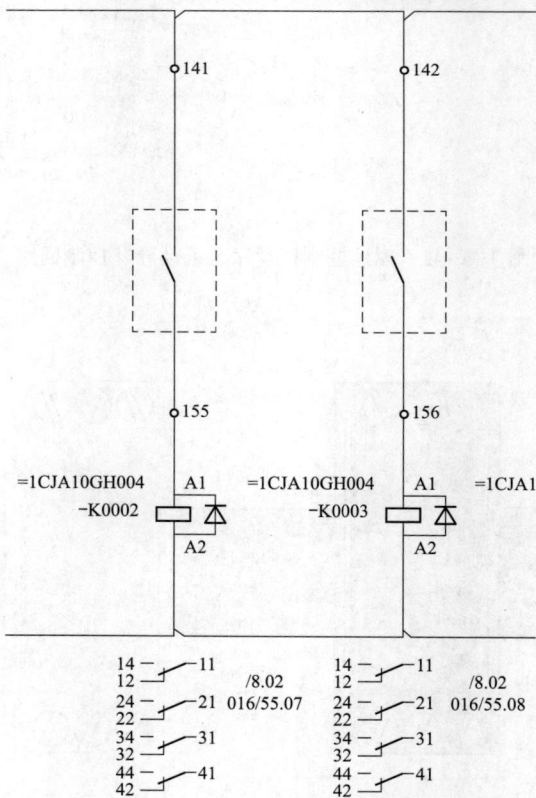

141   142

155   156

=1CJA10GH004   A1   =1CJA10GH004   A1   =1CJA1
-K0002   -K0003
           A2   A2

14 — 11   14 — 11
12   12
24 — 21 /8.02   24 — 21 /8.02
22   016/55.07 22   016/55.08
34 — 31   34 — 31
32   32
44 — 41   44 — 41
42   42

图 3-3-45 事故低油压信号回路

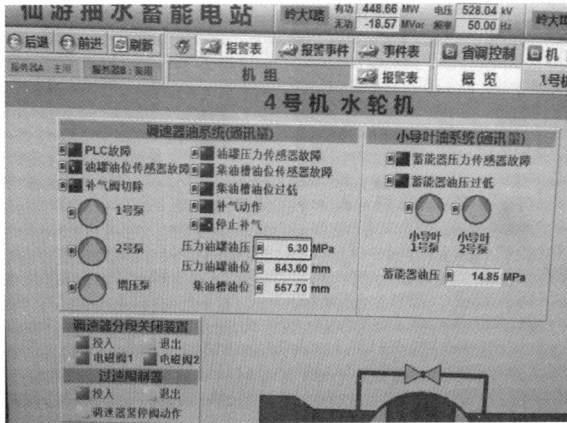

图 3-3-46 上位机信号

图 3-3-47 油控柜触摸屏画面与压力油罐压力表

图 3-3-48 PLC 故障情况

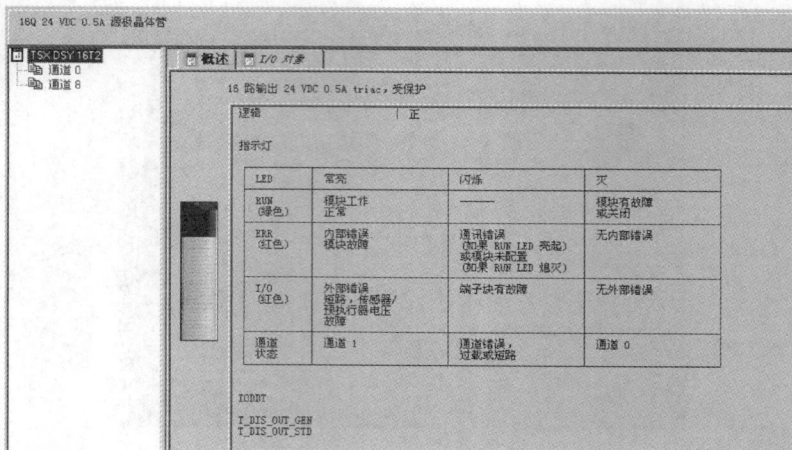

图 3-3-49　TSX DSY16T2 DO 板卡指示灯状态说明

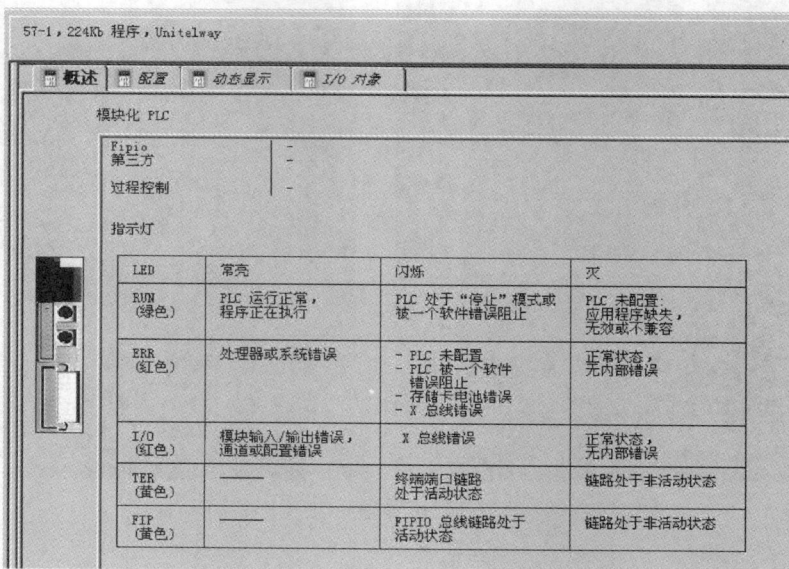

图 3-3-50　TSX P57104 CPU 板卡指示灯状态说明

图 3-3-51　处理后 PLC 情况

综上所述，CPU 模块板卡故障及 DO 板卡通信错误导致调速器油控柜 PLC 无法运行，机组调速器压力油罐事故低油压保护正确动作。

（3）处理过程。运维人员更换了 TSX P57104 CPU 板卡和 TSX DSY16T2 DO 板卡，如图 3-3-51 所示。下载原程序后进行油泵启停试验，PLC 运行正常，油泵启停正常。

思　考　题

1. 分段关闭装置是为了改变导叶关闭的规律，那么导叶在不同工况下的规律是什么？为什么要这么做？分段关闭装置又是如何实现这个功能的？

2. 事故停机电磁阀与导叶锁定电磁阀的闭锁关系是怎样的？假如不设置闭锁关系，会造成何种后果？

3. 请叙述机组发电方向启、停过程中电调系统是如何参与工作的？

4. 请解释第三节案例一中 4 号机组为何没有过负荷跳闸？

5. 请阐述第三节案例二中如何利用单一变量确定故障点？

第四章 主进水阀运检

本章概述

主进水阀主要用于截断和导通上下游水流，并在抽水蓄能电站建设初期作为高压输水隧道的堵头。本章主要包含主进水阀概述、主进水阀系统运行、主进水阀系统维护及检修三节内容，用于指导入职人员了解设备的基础知识，掌握相关技能，以便快速适应岗位。

学习目标

	学习目标
知识目标	1. 了解主进水阀术语及定义、作用及设置条件。 2. 了解主进水阀结构及其控制系统。 3. 了解主进水阀日常运行、巡检、操作、事故处理等。 4. 了解主进水阀日常维护、系统检修、试验检测标准项目、周期、标准/规范要求。
技能目标	1. 能完成主进水阀日常巡检、运行操作及事故判别等。 2. 掌握主进水阀系统点检、定检等日常维护内容并完成相应工作。

第一节 主 进 水 阀 概 述

一、主进水阀简介

在水泵水轮机的过水系统中，安装在蜗壳前的阀门通称为主进水阀，在常规水电站和抽水蓄能电站中有时称为主阀。本节主要介绍了主进水阀的术语定义、作用以及安装条件。

（一）术语定义

1. 进水阀公称直径

进水阀公称直径指进水阀与上、下游压力引水管法兰相联处阀体的通流内径，单位为毫米（mm）。

2. 最大静水头

最大静水头指进水阀关闭后，进水阀门水平中心线至上游最大水位所形成的水柱高，单位为米（m）。

3. 最大静水压

最大静水压指进水阀关闭后，进水阀门水平中心线至上游最大水位所形成的水压，单位为兆帕（MPa）。

4. 最高瞬态压力

最高瞬态压力指过渡过程中，在进水阀门水平中心线所产生的最高表计压力，单位为兆帕（MPa）。

5. 设计压力

设计压力指用于进水阀门过流部件强度设计的压力，应等于最高瞬态压力，单位为兆帕（MPa）。

（二）主进水阀作用

1. 减少停机时的机组漏水量

机组停机时，由于导叶上下端面存在间隙，尤其在实际运行中由于气蚀和磨损等原因，其漏水是几乎不可能避免的。据相关统计，一般导叶的漏水量为机组最大流量的 2%～3%，甚至严重的可达到 5%，特别在抽水蓄能电站普遍水头较高的情况下，其水流的损失相当可观。而在安装了主进水阀后，其关闭严实，密封性能优越，可以大大减少漏水损失。

2. 缩短机组重新启动的时间

抽水蓄能电站在电网系统中起着事故备用、调峰填谷等作用，机组启停频繁。在安装了主进水阀后，不必关闭上游进水闸门及压力隧道充水操作，可保证机组随时响应系统的实际负荷要求，确保了机组运行的灵活性和快速响应能力。特别是高水头、长压力管道的抽水蓄能电站，其实际意义更为明显。

3. 确保水泵水轮机组检修隔离的必要安全措施

随着现代设计理念的更新及对实际项目投资的控制，"一管数机"的设计思路在实际应用中得到了广泛的应用。当一条输水总管同时供给数台机时，关闭其中一台或数台机组主进水阀进行停机检修，而不会影响其他机组的正常运行。

4. 保证机组设备安全运行，防止飞逸事故的扩大

正常情况下，主进水阀须在上下游均压后进行开启或关闭操作，特殊情况下能够在机组和调速器系统发生故障时，迅速关闭主进水阀，以截断水流防止事故扩大。

5. 建设初期作为堵头

在设备投产初期，主进水阀可以作为机组压力钢管的堵头使用，以此避免不必要的高压管路充排水操作，从而减少对其他运行机组的影响。

（三）主进水阀安装条件

1. 主进水阀设置条件

（1）"一管数机"即在一根输水总管同时供给数台机组用水时，应在每台机组前设置主进水阀，以减少各台机组相互之间的运行影响。

（2）一般对于水头超过 120m 的单元输水管，建议增设主进水阀。主要是考虑导叶漏水而导致的能量损失。同时高压管路越长，其充排水时间就越长，其频繁充排水也不利于高压管路的安全运行。

（3）而对于水头相对较低、单元输水管路较短的机组，如坝后式电站，一般可以装置快速闸门，而是否需要安装主进水阀则应进行相关论证。

2. 主进水阀技术要求

主进水阀对机组设备的安全性、经济性均具有极其重要的地位，因此对其有较高的技术要求：

（1）要求其结构简化，操作方便，具备较高的运行可靠性，减少运行中的设备故障。由于主进水阀大修工作需要排空上游高压管路，充排水检修周期较长，将直接影响其他机组的正常运行。

（2）主进水阀应设有严密的密封结构，减少漏水能量损耗及满足机组检修安全要求。

（3）阀门本身及其操动机构的设备结构和强度均应保证日常高强度运行要求。因为主进水阀可能在导叶拒动情况下进行动水关闭，故其应能承受水锤压力值的要求，同时其关闭时间同样应满足机组飞逸转速允许要求和高压管道对水锤值的要求。

（4）优化设计，尽可能减小实际尺寸和重量。

二、主进水阀形式

主进水阀常用形式有两种：一种是蝴蝶阀（简称蝶阀），一般适用于水头 200m 以下；另一种是球阀，主要适用于管路直径在 2～3m 以下、水头在 200m 以上的高水头电站。

（一）蝴蝶阀

蝴蝶阀（见图 4-1-1）是指关闭件（阀瓣或蝶板）为圆盘，围绕阀轴旋转来达到开启与关闭的一种阀，蝶阀全开到全关通常小于 90°。蝴蝶阀的优点是外形尺寸小、重量轻、结构简单、造价低、操作方便，而且有自行关闭的趋势。其缺点是漏水量大，活门在水流中造成一定的水力损失和引起气蚀现象，在高水头时尤为明显。

（二）球阀

球阀（见图 4-1-2）通过旋转球体实现对流量介质的控制，只要阀轴转动 90°球阀就可快速完成全开或全关动作，并且在球阀全开时，其流体阻力几乎可以忽略。

进水球阀主要由阀体、活门、密封环、旁通系统、伸缩节及控制系统组成。在抽水蓄能机组停机/抽水调相稳态时，进水球阀处于全关位置，工作密封投入，检修密封退出，工作旁通阀关闭，检修旁通阀保持打开位置。机组发电/抽水稳态时，进水球阀保持常开位置，工作密封退出，检修密封退出，工作旁通阀关闭，检修旁通阀保持打开位置。旁通系统在进水球阀开关过程中开启用来平压，在没有旁通系统的进水球阀中通过退工作密封进行平压。

图 4-1-1　蝴蝶阀

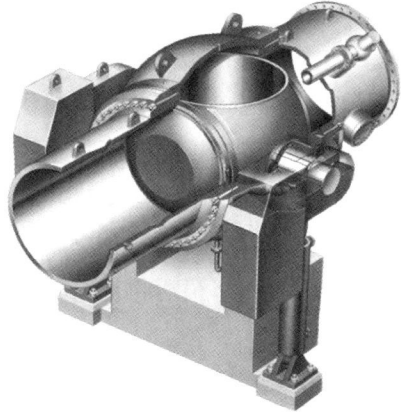

图 4-1-2　球阀

球阀的优点是承受的水压高、关闭严密、漏水极少；密封装置不易磨损，活门全开时，几乎没有水力损失；启闭时所需操作力矩小，而且因为球阀活门的刚性比蝶阀活门的刚性好，所以在动水关闭时的振动比蝶阀小，这对动水紧急关闭有利。缺点是其体积大、结构复杂、重量大、造价高。

三、主进水阀控制系统简介

（一）球阀阀体

球阀的阀体是阀门的主要部件，承受各种运行工况下的水压力、操作压力和各种力矩，对阀门的各部件提供支持，所以要求保证其具备足够的刚度和强度。

阀体基本为圆球形，通常由两件组成。组合面的位置有两种：一种是偏心分瓣，组合面靠近下游侧，阀体的地脚固定螺栓均布置在上游侧的主要阀体上。其优点是分瓣面固定螺栓受力均匀，缺点是活门及阀轴必须设计成装配式结构，以便于阀门安装；另一种可以是对称分瓣结构，阀轴与活门可以采用整体结构，阀体可分瓣铸造后进行整体焊接。通常阀体顶部设有排气阀，而底部设有排污阀。而球阀支撑底座承载全部的垂直载荷，在设计上允许球阀沿轴线方向相对于基础板有微小位移，所以要求基础板与支撑底座接触面加工光滑。

（二）活门和阀轴

球阀的活门是直径方向带有两个轴的球形体。阀芯内孔直径及阀体内孔均与阀门进出口直径一样。当球阀开启时，活门的过水断面与压力钢管直通，以使水流稳定并且水流损失最小，有利于提高水泵水轮机的工作效率。当阀门关闭时，活门旋转 90°，截断水流，此时由球面承受水压，改善了活门的受力条件。这与平面结构的阀门相比，不仅可以承受更高的水压力，还能节省材料，减轻自身重量。

轴承钢套及轴瓦安装在阀体的轴承座内，应能承受枢轴的最大径向压力。

（三）密封装置

球阀通常设有两道密封装置，上游密封为检修密封，当机组或工作密封检修时投入，作为设备隔离的必要安全措施，平时机组在运行时保持在退出位置；下游密封是工作密封，随球阀启闭而退出／投入。检修密封／工作密封在设计中有的采用橡胶密封，更多的是采用金属密封，利用双作用不锈钢环与阀体密封构成前后两个腔，其投退操作均可由水压操作完成。密封的水源一般取自压力钢管，只要钢管中有水压就能保证密封紧密关闭。在正常情况下要求活门前后水压平衡后再进行开启或关闭操作，活门开启和关闭操作过程中必须确保密封在退出位置。

为了确保检修密封可靠投入，球阀检修密封设计中通常会考虑配备密封锁定螺杆装置。当检修密封投入后，手动投入锁定螺杆作为备用安全措施，以防止检修密封意外退出。

检修密封／工作密封均应安装位置指示器，通过活动密封环的纵向移动来使位置开关动作。位置开关信号通常送到监控系统作为控制或显示用。

（四）旁通管和旁通阀

设计旁通管和旁通阀的目的主要是在阀门开启时确保活门两边平压，减少作用在活门上的水力矩，使接力器在阀门全关状态时容易开启。开启主进水阀前，先开旁通阀对蜗壳进行充压，在两侧均压后确保活门在静水中开启。有些球阀设计无旁通系统，利用退工作密封进行平压。

旁通系统通常安装有两个旁通阀，旁通阀操作可以设计液压、电动甚至是手动操作。目前大中型抽水蓄能电站设计中通常选择两个液压操作的针阀作为旁通阀，上游检修旁通阀只在检修时投入，装在压力钢管延伸段上；下游工作旁通阀随主进水阀开关而启闭，连接在可拆卸伸缩节上。在实践应用中，检修旁通阀关闭腔可取压力钢管水作为操作动力，开启腔由油压操作，因而在操作油压丢失的情况下具有自关闭趋势。检修旁通阀在机组正常运行时保持全开，紧急情况时能够确保自动关闭。

（五）伸缩节

通常主进水阀在下游侧与蜗壳之间设置有伸缩节，保证阀门可以在水平方向有一定的距离位移，方便阀门的现场检修以及适应钢管的轴向温度变形和水推力引起的变形。伸缩节与阀门以法兰螺栓连接，伸缩缝通常采用松套法兰式结构，利用压环将U形橡胶密封压紧，以防止伸缩缝漏水。

伸缩节的下游侧与水轮机蜗壳延伸连接管相连。在伸缩节顶部有自动空气阀法兰接口，用于蜗壳排气。在伸缩节底部设有蜗壳排水阀安装法兰，可配一排水阀进行蜗壳检修排水。对于大尺寸的伸缩节，可以在伸缩节上布置有蜗壳进入门，方便检修人员进入蜗壳内部进行相关检修维护工作。

（六）主进水阀操作系统

主进水阀的操作系统按照操作动力的不同可分为手动操作、电动操作、液压操作等类型。一般低水头和直径较小的阀门可采用电动操作，而不要求远方操作的小型阀门可采用手动操作。大中型抽水蓄能电站均通过配压阀、接力器等液压操作系统来实现对主进水阀的正常操作。

液压操作系统通常采用油压操作。根据电站的本身特点和要求，可以采用集中供油方式，即一套油压装置对多台主进水阀提供操作能源；另一套则是单元式供油方式，大中型电站多采用该种供油方式，每台主进水阀均设置有专门的油压装置。油压装置系统通常由工作油泵、备用油泵、循环滤油泵、漏油泵、压油槽、集油槽等组成。压油槽油位通常由其自动补气系统来进行控制，而补油时则根据压力油罐的压力开关来控制油泵的启停。

四、主进水阀控制系统简介

（一）球阀控制系统组成

球阀控制系统可分为电气控制部分和液压控制部分，电气控制部分主要由球阀 PLC 逻辑控制器、输入/输出继电器、各位置开关等组成；液压部分主要由油压装置、液压阀、压力油水管路等组成。

液压阀通过改变阀芯的位置来调节、控制、导向液压系统中的压力油，可以实现液压油的流量控制、方向控制和压力控制。下面简单介绍逆止阀、换向阀。

1. 逆止阀原理

逆止阀只允许流体在管道中单向接通，反向即切断。逆止阀常与节流阀组合，用来控制执行元件的速度。逆止阀又分为普通逆止阀和可控逆止阀，如图 4-1-3 所示。

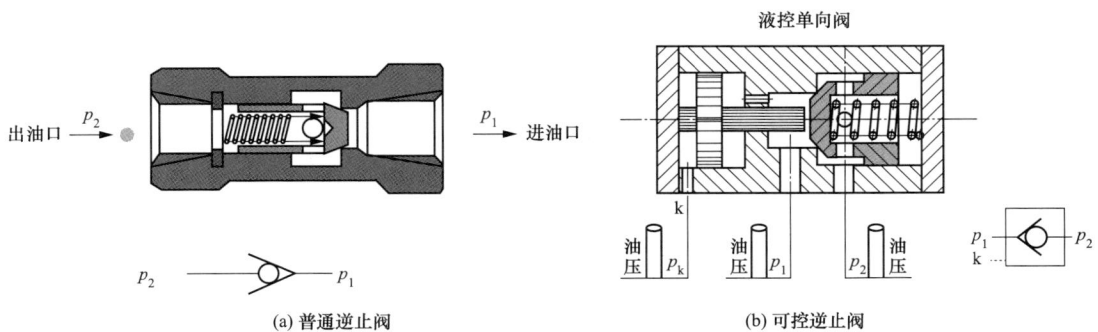

图 4-1-3　逆止阀

如图 4-1-3（a）所示，流体从出油口流入时，克服弹簧力推动阀芯，使通道接通，流体从进油口流出，反向流入时，流体压力和弹簧力将阀芯压紧在阀座上，流体不能通过。

如图 4-1-3（b）所示，可控逆止阀较普通逆止阀增加了控制油路 k，当控制油路有控制压力输入时，活塞顶杆在压力油作用下右移，顶开逆止阀，使进出油口接通。若出油口压

力 p_2 大于进油口压力 p_1 就能使油液反向流动。

2. 换向阀原理

换向阀是实现液压油流的沟通、切断和换向，以及压力卸载和顺序动作控制的阀。其通过改变阀芯上的台阶与阀体上的沉割槽（通过孔道与外部连接）之间的连通关系实现油路切换。球阀液压系统中涉及换向阀的主要控制方式如图 4-1-4 所示，从左到右依次为手柄式、电磁式、弹簧控制、液压先导控制、电液动、按钮式。

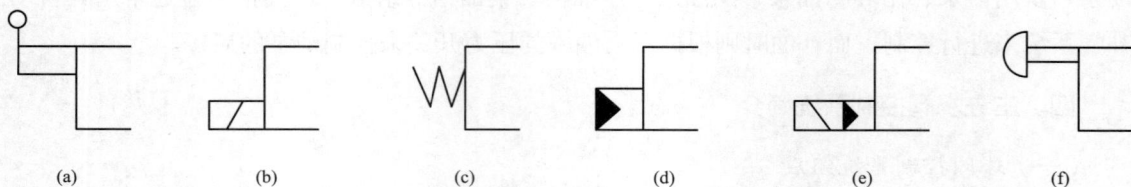

图 4-1-4　换向阀的控制方式

换向阀都有两个或两个以上的工作位置，其中一个为常态位，即阀芯未受到操纵力时所处的位置。在换向阀线圈得电后阀芯动作，控制介质流向，完成换向。主进水阀液压系统用换向阀控制压力油路，从而控制主进水阀开启关闭。

（二）主进水球阀开启流程

主进水阀开启流程（见图 4-1-5）如下：

（1）判断主进水球阀开启条件，应包含但不限于控制系统无故障、检修密封退出、导叶全关、检修旁通阀全开、主进水球阀控制方式远方位置、尾闸全开。

（2）退接力器锁定，确认主进水球阀接力器锁定退出。

（3）开主进水阀工作旁通阀，确认旁通阀打开，主进水阀前后已平压（如有）。

（4）退出主进水阀工作密封，确认工作密封已退出到位，主进水阀前后已平压。

（5）开主进水阀，确认主进水阀到全开位置。

（6）关主进水阀工作旁通阀（如有）。

（三）主进水球阀关闭流程

主进水阀关闭流程（见图 4-1-6）如下：

（1）开启旁通阀，确认旁通阀打开位置（如有）。

（2）关主进水球阀，确认主进水阀到全关位置。

（3）投入主进水球阀工作密封，确认工作密封已投入到位。

（4）关旁通阀，确认旁通阀已关闭（如有）。

（5）投入主进水阀接力器锁定，确认投入到位。

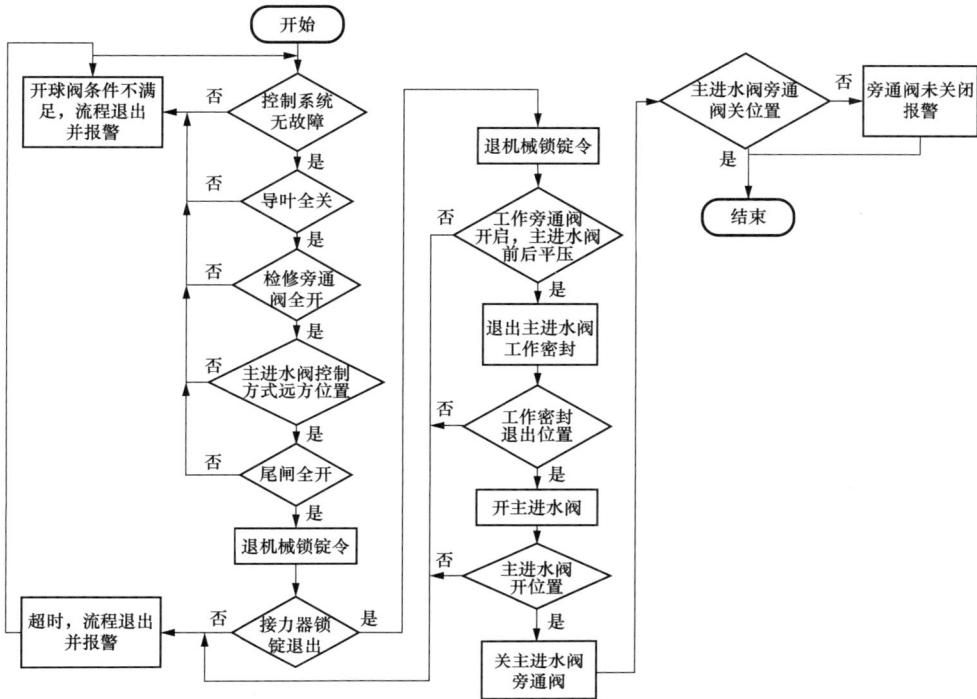

图 4-1-5　主进水阀开启流程

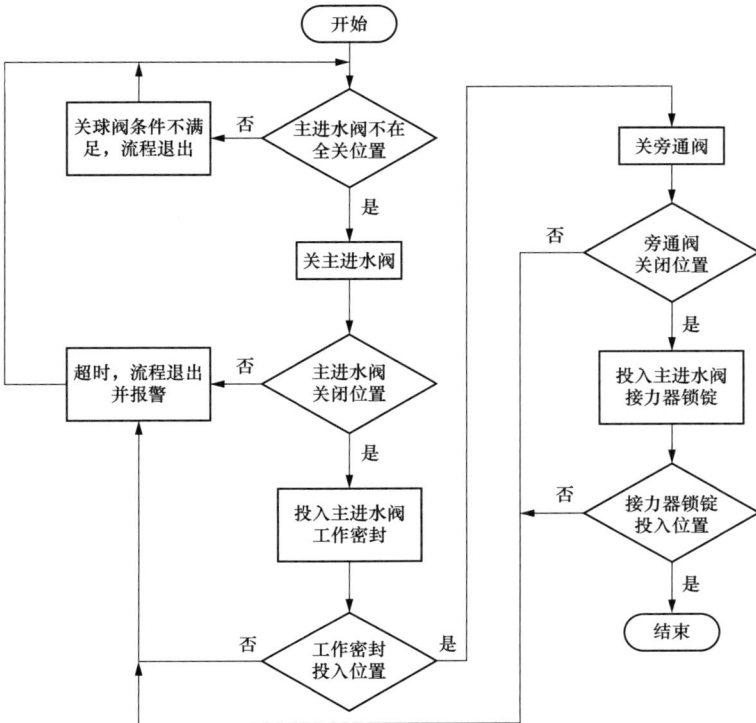

图 4-1-6　主进水阀关闭流程

第二节 主进水阀系统运行

一、主进水阀本体及液压系统巡检

（一）主进水阀及液压系统现场巡检

主进水阀及液压系统现场巡检，正常情况时每天进行 1～2 次，特殊情况时可酌情增加巡检次数。

主进水阀及液压系统出现下列情况应增加巡检次数：

（1）新设备投入运行或检修后第一次投入运行。

（2）有比较严重的缺陷尚未消除，设备带缺陷运行（枢轴漏水/密封漏水、液压系统存在渗油、渗水等）。

（3）主进水阀非正常关闭和高压引水管自激振发生后一周内。

（4）本厂同类型设备已发生故障或事故处理后投入运行。

主进水阀及液压系统设备巡检项目见表 4-2-1。

表 4-2-1 　　　　　　　主进水阀及液压系统设备巡检项目

序号	项目	类别	周期	质量要求
1	主进水阀密封压力是否正常	巡检	1次/天	压力正常
2	主进水阀集油槽上各压力表压力是否正常	巡检	1次/天	压力正常
3	主进水阀压力油罐压力	巡检	1次/天	压力正常
4	主进水阀压力油罐油位	巡检	1次/天	油位正常
5	主进水阀油系统正常	巡检	1次/天	无漏油
6	主进水阀油控柜各控制开关位置是否正确	巡检	1次/天	位置正确
7	主进水阀电控柜触摸屏上各参数显示正常	巡检	1次/天	示数正常
8	主进水阀油控柜工作是否正常	巡检	1次/天	无异常声音，报警
9	检查主进水阀本体位置开关、接力器锁定位置开关有无松动	巡检	1次/天	无松动
10	主进水阀接力器是否无漏油	巡检	1次/天	无渗油
11	检查枢轴密封有无漏水	巡检	1次/天	无漏水
12	压力油泵、循环油泵、漏油泵运行状况	巡检	1次/天	油泵运行状况正常，无异音、温度正常
13	液压系统各油水管路	巡检	1次/天	油水管路接头无松动、无渗漏，焊缝无开裂

（二）主进水阀上位机监盘

1. 值守监视检查基本要求

（1）监盘人员应监视主进水阀开度，检修密封和工作密封各腔压力、位置状况，工作旁通阀和检修旁通阀位置状态，主进水阀本体基座位移监视等运行参数在允许的范围之内，当参数超过规定的限额或出现报警时，应及时分析，并汇报通知值长。

（2）主进水阀开启前或全关后，检查主进水阀系统无报警信息。

（3）主进水阀开启／关闭过程中，检查工作旁通阀开关情况，工作密封退出情况，主进水阀开启／关闭过程中开度情况。

（4）主进水阀全开后，检查主进水阀系统无报警信息。

2. 静止状态下的监视检查

（1）检查主进水阀系统无报警信息。

（2）监视主进水阀本体、工作旁通阀处于全关状态。

（3）监视主进水阀检修密封处于退出状态，检修旁通阀处于开启状态。

（4）监视主进水阀工作密封投退腔压力、压力钢管压力无异常。

（5）监视主进水阀工作密封、检修密封位置显示正确。

（6）监视接力器锁定位置开关显示是否正确。

（7）监视主进水阀紧停阀在复归状态。

（8）监视主进水阀本体基座位移无异常变化。

3. 主进水阀开关过程中的监视检查

（1）检查主进水阀系统无报警信息。

（2）监视主进水阀工作旁通阀开启和关闭动作是否正确。

（3）监视主进水阀工作密封位置开关动作是否正确，投退腔压力变化是否正常。

（4）监视主进水阀本体动作和开度显示是否正确。

（5）注意主进水阀开启和关闭过程中，现场是否有异常声响（若有现地监盘人员）。

4. 主进水阀运行过程中的监视检查

（1）检查主进水阀系统无报警信息。

（2）监视主进水阀开度，检修密封和工作密封各腔压力、位置状况，工作旁通阀和检修旁通阀位置状态等运行参数在允许的范围之内。

（3）监视主进水阀运行中，现场无异常渗漏等。

二、主进水阀液压系统操作

（一）主进水阀开启、关闭操作

对于多数自动化程度较高的电站，主进水阀一般为远方自动开启、关闭，只有特殊情况时才会采取手动操作方式。

（二）主进水阀远方自动开启

自动程序由主进水阀控制柜内的 PLC 执行，此时主进水阀控制柜上现地／远方选择开关在"远方"位置；主进水阀油泵控制柜上油泵选择开关在"自动"位置。

典型程序如下：

（1）检查主进水阀开启预条件满足（检修密封退出、主进水阀旁通检修阀开启、主进水阀手动锁定退出、尾水事故闸门锁定投入、导叶全关、主进水阀控制系统无故障）。

（2）监控系统输出开主进水阀令。

（3）开启主进水阀工作旁通阀，至主进水阀两侧压力平压并收到工作旁通阀全开信号。

（4）退出主进水阀工作密封。

（5）打开主进水阀阀体至主进水阀全开。

（6）关闭工作旁通阀。

（三）主进水阀远方自动关闭。

主进水阀远方自动开启程序由主进水阀控制柜内的 PLC 执行，此时主进水阀控制柜上现地 / 远方选择开关在"远方"位置；主进水阀油泵控制柜上油泵选择开关在"自动"位置。

（1）监控系统输出主进水阀关闭命令。

（2）开启工作旁通阀。

（3）关闭主进水阀。

（4）主进水阀全关，投入工作密封。

（5）工作密封投入后关闭工作旁通阀。

（四）主进水阀充、排水操作

1. 主进水阀阀体充水操作

（1）检查工作密封、检修密封在投入位置，所有检修密封锁定螺栓在退出位置。

（2）检查主进水阀本体顶部排气阀打开。

（3）检查主进水阀本体充水阀在全关，打开主进水阀本体排水阀用蜗壳侧水源对主进水阀充水。

（4）当主进水阀顶部本体顶部排气阀有水溢出时，关闭主进水阀本体排气阀，关闭主进水阀本体排水阀。

（5）打开主进水阀本体充水阀平压，平压结束后关闭主进水阀本体充水阀。

2. 主进水阀阀体排水操作

（1）检查机组在停机稳态，主进水阀在全关。

（2）检查工作密封、检修密封在投入位置。

（3）检查主进水阀本体充水阀在关闭位置。

（4）打开主进水阀本体顶部排气阀。

（5）打开主进水阀本体排水阀进行排水。

3. 进水阀操作注意事项

（1）检修密封锁定的投入与退出，应在保持检修密封投入腔加压力的情况下手动投退。

（2）禁止在密封锁定状态下将压力钢管排水。

（3）检修密封锁定机构在任何情况下都不能作为驱动源机械式驱动活动密封。

（4）主进水阀压力油罐在异常工况下且安全阀、泄压阀未动作，在确保人身安全时可以视情况打开压力油罐本体排气阀或切除打压油泵并打开管路泄压阀来降低系统压力，防止压力容器超压运行。

（五）油泵的操作

1. 压力油泵的操作

（1）自动运行。

1）正常时，两油泵运行在自动方式下，即两油泵均切至"自动"位置。

2）两台压力油泵一台主用，另一台备用，主备用可相互切换，主油泵的启停由压力开关控制，压力降至主用泵启动值时启动，压力升至停泵值时停泵。

3）主油泵故障时，启动备用泵。另外当压力油罐压力下降至备用泵启动值时，自动启动备用泵。

4）油泵启动前，自行动作相应卸载阀，启动成功后3～5s后关闭该卸载阀。

（2）手动方式。

将压力油泵控制方式切至"手动"位置，手动按"启动"或"停止"按钮。当集油箱油位低报警时，运行压力油泵将自动停机，而与其控制方式无关。

2. 循环油泵的操作

循环油泵只能现地手动启动，首先将该油泵控制方式切至"手动"位置，再按"启动"或"停止"按钮来启停该油泵，当集油箱出现油位低报警时，循环油泵将自动停下。

3. 漏油泵的操作

正常情况下，漏油泵在自动方式下，其控制开关在"自动"位置，其启停由漏油箱油位开关自动控制。

当漏油泵控制开关在"手动"位置时，其启停由"启动"和"停止"两按钮来控制，当集油箱出现油位过低报警时，漏油泵将自动停止，而与其控制方式无关。

（六）压力油罐补气系统的操作

（1）自动补气。压力油罐的压力气来自全厂高压气系统，当压力油罐油位高时，导通自动补气电磁阀进行补气；满足停止补气逻辑时（如补气时间达到、油罐压力高、油罐油位正常停止补气、油泵运行等），补气电磁阀截断，补气停止。

（2）手动补气。打开手动补气旁通阀进行补气。

三、主进水阀本体及液压系统典型事故处理

主进水阀设备的运行实践证明，本体故障（枢轴密封漏水、工作密封漏水等）、液压控制系统故障（控制阀组、油压装置等）、自动化元件故障（位置开关、压力开关、液位开关等）是进水阀设备三大常见故障。

运行时还会遇到本体、旁通阀、工作密封无法动作、压力油罐油位高等事故。

（一）主进水阀工作旁通阀不能打开

1. 现象

上位机信号"X号机主进水阀旁通阀全开位置否"/"X号机主进水阀开启超时报警"；开启过程中发现主进水阀工作旁通阀打开信号长时间未收到。

2. 可能原因

（1）工作旁通阀全关或全开限位开关信号回路故障。

（2）PLC上工作旁通阀打开命令没有发出。

（3）主进水阀平压控制阀故障或阀芯卡阻。

（4）主进水阀工作旁通阀阀体故障。

（5）油压回路不正常。

3. 处理方法

（1）检查控制柜各开关位置继电器动作正常，信号灯位置指示正确。

（2）检查机组柜至控制柜PLC信号是否收到，回路是否故障。

（3）检查控制柜PLC旁通阀打开信号是否发出，继电器是否动作，检查回路、端子及继电器是否正确。

（4）检查回路液压阀是否动作、是否故障，操作油压是否正常，可手动励磁相关继电器并检查其能否打开。

（5）检查主进水阀闭锁开启阀是否退出，检修密封是否退出。

（6）检查主进水阀旁通阀开启腔是否漏油。

（7）检查旁通阀四个锁定螺栓是否退出。

（8）检查旁通阀全开限位开关是否故障，信号回路是否故障。

（二）主进水阀工作密封不能退出

1. 现象

上位机信号"X号机主进水阀工作密封退出否"/"X号机主进水阀开启超时报警"；开机过程中主进水阀工作密封退出信号长时间未退出。

2. 可能原因

（1）主进水阀工作密封投入命令没有发出。

（2）工作密封投入或退出位置开关故障。

（3）工作密封控制阀控制回路故障或阀芯卡阻。

（4）主进水阀工作密封操作水路不通畅。

3. 处理方法

（1）检查工作密封实际位置，工作密封位置开关是否故障，信号回路是否故障。

（2）检查工作密封操作水回路阀门位置是正确。

（3）检查主进水阀控制柜内主进水阀工作密封退出命令是否发出，继电器是否动作。

（4）检查主进水阀电控柜触摸屏上平压指示灯是否亮，检查蜗壳与压力钢管间的压差是否相差较大。

（5）检查工作密封控制阀控制回路是否故障、阀芯是否卡阻，手动退出工作密封控制阀，检查工作密封是否正常退出。

（三）主进水阀阀体无法打开

1. 现象

开机过程中发现工作密封退出后，主进水阀无法开启出。上位机信号"X 号机主进水阀全开位置否"/"X 号机主进水阀开启超时报警"。

2. 可能原因

（1）主进水阀打开命令没有发出。

（2）主进水阀开启控制回路故障或阀芯卡阻。

（3）油压回路故障。

（4）主进水阀位置开关信号回路故障。

3. 处理方法

处理方法如下：

（1）检查主进水阀开启条件是否满足。

（2）检查主进水阀打开命令是否发出，继电器是否励磁。

（3）检查主进水阀开启控制回路是否故障、阀芯是否卡阻。

（4）检查工作密封投入位置开关是否动作正确，检查其信号指示回路正常。

（5）检查事故关阀先导阀是否在投入位置。

（6）检查主进水阀接力器开启腔排油阀关闭，无渗漏油现象。

（7）检查主进水阀限位开关信号回路是否故障，并及时处理。

（四）主进水阀检修密封无法退出

1. 现象

某抽水蓄能电站压力钢管需要排空检修。球阀关闭，检修密封投入，检修密封的手动锁定投入；上游钢管水体排空后，锁定无法退出，导致检修密封无法动作，球阀无法打开，人员无法通过球阀进入上游压力钢管进行检修工作。

2. 可能原因

活门在上游巨大水压力作用下产生弹性变形；排水后水压力消失，活门回弹，回弹压力将手动锁定压死。

3. 处理方法

压力钢管重新充水，退出手动锁定后再次排水。

（五）球阀自激振事故

1. 现象

某电站1、2号机为同一引水隧洞，2号机定检隔离，1号机发电停机，球阀旁通阀全关后3min左右，1号机压力钢管压力急剧上升，出现1、2号机组水力自激振报警。

2. 可能原因

自激振荡行为可以发生在单管单机、一管多机。自激振荡总是发生在球阀关闭、工作密封环投入状态下；工作密封投入腔压力下降导致工作密封的密封环发生周期性投退，将有可能引发自激振荡；自激振荡总是发生在球阀工作密封采用上游钢管取水的操作系统；自激振荡压力波动总是以振荡前的阀前静压力为中心线上下对称波动，其振幅最大可达到阀前静压力的2倍。

3. 处理方法

（1）若球阀有旁通阀，迅速打开自身的旁通阀。

（2）投入上游检修密封。

（3）打开同一水道相邻机组球阀的旁通阀。

（4）其余情况根据具体电站的具体情况制定具体措施。

（六）压力油罐油位高故障

1. 现象

压力油罐油位高报警。

2. 可能原因

（1）压力油罐漏气。

（2）气安全阀保持不正常开启状态。

（3）油位浮子故障。

3. 处理方法

（1）检查实际油位高低，确认是否为油位浮子或信号回路故障。

（2）检查压力油罐补气回路和排气回路是否有漏气现象。

（3）查气安全阀是否不正常开启或有漏气现象。

（4）若检查实际油位较高且补气回路、排气回路及气安全阀无漏气现象，可通过旁通阀进行手动补气，对压力油罐进行排油（此项操作应在机组停机时进行）。

（七）压力油罐油位低故障

1. 现象

压力油罐油位低报警。

2. 可能原因

（1）压力油罐漏油。

（2）压力油罐排油阀不正常开启。

（3）油安全阀不正常开启。

（4）补气回路不正常补气。

（5）压力开关故障导致压力油泵不能启动补油。

（6）卸载阀故障导致压力油泵不能正常补油。

（7）油位浮子故障。

3. 处理方法

（1）检查实际油位高低，确认是否为油位浮子或信号回路故障。

（2）检查补气系统是否一直保持补气，如保持补气应立即关闭压力油罐进气阀并排气泄压。

（3）检查供油管路是否有严重漏油现象。

（4）检查压力油罐排油阀是否全关，如未全关应立即关闭。

（5）检查油安全阀是否不正常开启。

（6）检查压力油泵是否长时间运行，若油泵长时间运行而油位不上升则可能为卸载阀故障导致压力油泵不能正常补油。

（7）查压力油罐压力是否正常，若压力较低而压力油泵未运行则可能压力开关故障导致压力油泵不能启动补油。

（8）若检查实际油位确实较低，压力正常，则排气补油直到油位、油压正常。

（八）压力油罐油压高故障

1. 现象

压力油罐油压高报警。

2. 可能原因

（1）停机状态下，压力油泵异常运行，停油泵控制回路异常。

（2）卸载阀不能正常动作。

（3）压力油罐补气回路不正常供气。

（4）压力开关信号回路故障。

3. 处理方法

（1）检查压力油罐压力表读数是否正常，以确认压力开关是否误动。

（2）如果在停机状态下，油泵长时间运行，而实际油压高，迅速手动停泵。

（3）检查卸载阀是否动作、是否卡阻，压力开关是否正常动作。

（4）检查压力油泵卸压阀是否动作、有无卡阻。

（5）检查压力油罐补气回路是否保持供气，如保持供气应切断供气回路。

（九）压力油罐油压低故障

1. 故障现象

压力油罐油压低报警。

2. 可能原因

（1）压力油罐及有关管路有大量漏油现象。

（2）卸载阀／油安全阀／气安全阀保持不正常开启状态。

（3）压力油泵不能正常打压。

（4）压力开关信号回路故障。

3. 处理方法

（1）检查压力油罐压力表读数是否正常，以确认压力开关是否误动。

（2）检查备用压力油泵是否在自动方式，是否启动，检查有无漏油现象，检查各相关阀门位置正确。

（3）检查卸载阀是否卡塞，油安全阀／气安全阀是否不正常开启，卸载阀压力开关是否动作。

（4）检查压力油泵是否故障、是否空转或反转。

（十）集油箱油位高故障

1. 故障现象

集油箱油位高报警。

2. 可能原因

（1）有严重漏油现象。

（2）压力油罐排油阀不正常开启。

（3）补气回路不正常补气。

（4）油位浮子信号回路故障。

3. 处理方法

（1）检查集油槽油位，确认是否油位浮子信号回路故障。

（2）检查压力油罐排油阀是否全关，如未全关应立即关闭。

（3）检查补气回路是否一直保持补气，如保持补气应立即关闭压力油罐进气阀。

（4）检查是否有严重漏油现象，并及时处理。

（十一）集油箱油位低故障

1. 故障现象

集油箱油位低报警。

2. 可能原因

（1）压力罐油位高。

（2）压力油回路漏油。

（3）油位开关信号回路故障。

3. 处理方法

（1）检查集油槽油位，确认是否油位浮子信号回路故障。

（2）检查压力罐油位是否很高，可排油补气至正常。

（3）检查压力油回路是否漏油并及时处理。

第三节　主进水阀系统维护及检修

一、主进水阀本体及液压系统维护

抽水蓄能电站机组启停频繁，为保障机组的运行可靠性，需对机组进行日常维护。主要介绍主进水阀本体及液压系统的日常维护内容，包含设备点检、定检等相关内容。通过对设备定期轮换、维护的工作，运维人员可及时发现设备问题，消除设备隐患。

（一）主进水阀本体及液压系统点检

点检是在设备不退出备用情况下对设备进行详细深入的专业巡视检查和分析工作。一般通过现场巡视与趋势综合分析的形式进行，点检周期为1周。主要包括阀体及基础检查、油压系统检查、操作管路阀门渗漏情况检查、电气控制柜检查、主进水阀开关时间及密封投退时间趋势分析等。

（二）主进水阀本体及液压系统定检

定检是计划执行的维护、缺陷处理及定期试验工作。结合机组停役，完成设备不退备情况下无法进行的维护保养工作，较为全面地检查主进水阀本体及液压系统状况。定检时更换设备易损件、处理相关缺陷、完成相关试验检测内容等，定检周期为1个月。主要包括阀体及基础检查、油压系统检查、操作管路阀门渗漏情况检查、电气控制柜检查、自动化元件检查、相关缺陷处理等。

（三）主进水阀本体及液压系统技改

水电设备及附属设施在技改前应进行健康状况评价、风险等级评估，寿命周期成本分析，以确定相应策略。如设备（设施）未达推荐技术寿命，原则上不予更换。

（1）不满足国家电网公司反措、规程要求或存在家族缺陷的设备，应进行技改。

（2）主进水阀轴瓦脱落或异常磨损，应对轴瓦进行技改。

（3）主进水阀本体、枢轴、伸缩节等设备锈蚀、变形严重，经检测强度不足的应进行技改。

（4）主进水阀接力器存在变形、裂纹等情况，应对接力器进行技改。

（5）频繁出现主进水阀枢轴漏水和伸缩节漏水，应对盘根进行技改。

二、主进水阀本体及液压系统检修

主进水阀本体及液压系统检修是为了保持或恢复主进水阀性能的检查和修理。根据GB/T 32574《抽水蓄能电站检修导则》的要求，主进水阀本体及液压系统检修可分为A、C级检修。

（一）主进水阀检修前准备

修前准备是非常重要的工作，完善的准备能让检修工作实施时事半功倍。修前准备工作可按下列原则进行：

（1）电网调度已批准检修计划（包含标准及非标检修项目、技术监督项目）和工期。

（2）检修所用工器具（包括安全工器具）已检测试验合格。

（3）完成现场勘查、三措编写及审查、安全教育和现场安全交底等工作。

（4）根据检修项目准备好专用工具、备品备件。

（5）检修所用的作业指导书已编写审批完成，有关图纸、记录和验收表单齐全，已组织检修人员对作业指导书、施工方案进行学习培训。

（6）制定检修定置图、安全文明生产要求，规定有关部件、废弃物在检修期间的存放位置、防护措施。

（7）检修工作开始前做好工作票的开具工作：检查各安全措施已完成，已向工作班成员交代清楚工作任务及危险点预控。

（二）主进水阀系统 A 级检修

主进水阀本体及液压系统 A 级检修标准项目的主要内容如下：

（1）本体设备的检查及处理。其包括工作密封检查（工作密封严密性检查和漏水量测量）或更换、枢轴密封检查或更换、伸缩节密封更换、锁定机构检查调整、主进水阀接力器检查处理（含耐压试验）、主进水阀基础紧固螺栓检查等。

（2）自动化控制系统检查。其包括压力开关、位置传感器、位置开关整定值检查调整，自动化元件及表计校验和更换等。

（3）油压系统检修。其包括透平油样化验与分析，集油槽、压油罐、漏油箱、主油阀、控制阀组、过滤器的清扫检查及处理，油系统滤芯更换，油泵解体检查处理，并包含油泵卸载阀整定值检查调整、液压系统保护整定值核对等。

（4）电气控制回路检查及工作电源测试。其包括 PLC 参数及程序备份、PLC 电池检查或更换 PLC 模块检查、PLC 程序版本一致性核对、继电器校验等。

（三）主进水阀系统 C 级检修

主进水阀本体及液压系统 C 级检修标准项目的主要内容如下：

（1）本体设备的检查及处理。其包括工作密封检查（工作密封外观检查和漏水量测量）、主进水阀接力器及锁定装置外观检查、主进水阀基础紧固螺栓外观检查等。

（2）自动化控制系统检查。其包括压力开关、位置传感器、位置开关整定值检查调整，自动化元件及表计校验和更换等。

（3）油压系统检修。其包括油 / 水 / 气管路阀门检查及处理，透平油样化验与分析，油系统滤芯更换，油泵及电机检查处理，并包含油泵卸载阀整定值检查调整、液压系统保护整定值核对等。

（4）电气控制回路检查及工作电源测试。其包括 PLC 参数及程序备份、PLC 电池检查或更换 PLC 模块检查、PLC 程序版本一致性核对、继电器校验等。

三、主进水阀本体及液压系统试验检测

在主进水阀日常运维工作中，定期开展试验检测，评估主进水阀设备运行状态，及时发现设备存在的缺陷和隐患，保障设备安全稳定运行。主进水阀的试验检测主要包括主进水阀修后移交试验、金属监督（金属结构无损检测）、化学监督（透平油样化验分析）等。一般结合机组检修开展相关试验检测工作。

（一）修后试验

修后试验要求如下：

（1）在购置、使用重要部位螺栓时，供货商应提供螺栓的出厂试验报告，包括材质、无损检测、力学性能等。如选用新型的，则供货商还应提供螺栓的设计报告，电站应在更换前对全部螺栓进行无损检测，必要时抽检进行力学性能试验。

（2）在主进水阀安装或检修工作完成后，应确保活门在开关动作过程中无异物卡入密封面，然后方可进行相关调整和试验工作。主进水阀安装、大修后试验可分为水压试验（密封性能试验）、静水操作试验和动水操作试验。具体调试项目包括压力钢管充水前的检查和调试、充水动作试验、油压系统试验、接力器开启关闭速度调整记录、旁通阀开启关闭速度调整记录、主进水阀与尾水事故闸门间的相互闭锁关系检验、接力器锁定及密封投退内部闭锁检验、用气系统检查处理及自动补气功能试验、电气控制柜配合进水阀系统整体功能调试及传动试验、PLC 冗余 CPU 切换试验、I/O 通道测试及信号传动试验、控制回路模拟动作试验等。

（3）根据试验方式不同，可分为静态试验和动态试验，而动态试验又可分为现地手动单步试验、现地自动试验和远方自动试验。在试验过程中应特别注意各项闭锁条件的设置，防止发生设备损坏事故。

（二）金属监督

主进水阀系统金属监督参照 DL/T 1318《水电厂金属技术监督规程》、Q/GDW 4610002—2016《金属技术监督规程》中 6.2.4 等要求执行。主进水阀金属监督项目、周期和要求见表 4-3-1。

表 4-3-1　　　　　　　　主进水阀金属监督项目、周期和要求

序号	设备名称	监督项目	周期	监督要求
1	操动机构（包含连杆、转臂、控制环、接力器、重锤吊杆吊耳）	外观检查	（1）标准周期：1 次 / 年。（2）非标周期：B 级检修	Q/GDW 11299—2014《水电站金属技术监督导则》中表 7 水轮机金属部件运维检修阶段技术监督检验项目表

续表

序号	设备名称	监督项目	周期	监督要求
1	操动机构（包含连杆、转臂、控制环、接力器、重锤吊杆吊耳）	无损检测	B 级检修和必要时（外观检查出现异常或有怀疑的部位时）	Q/GDW 11299—2014《水电站金属技术监督导则》中表 7 水轮机金属部件运维检修阶段技术监督检验项目表。DL/T 1318—2014《水电厂金属技术监督规程》中附录 B 在役金属部件的检验项目中附表 B.1 在役金属部件检验项目表
2	进水阀阀体及焊缝	外观检查	（1）标准周期：1 次 / 年。（2）非标周期：B 级检修	DL/T 1318—2014《水电厂金属技术监督规程》中附录 B 在役金属部件的检验项目中附表 B.1 在役金属部件检验项目表。Q/GDW 11299—2014《水电站金属技术监督导则》中表 9 金属结构部件运维检修阶段技术监督检验项目
		无损检测	必要时（外观检查出现异常或有怀疑的部位时）	Q/GDW 46 10002—2016《金属技术监督规程》中表 7 金属结构部件运维检修阶段技术监督检验项目
3	旁通阀	外观检查	1 次 / 年	Q/GDW 46 10002—2016《金属技术监督规程》中表 7 金属结构部件运维检修阶段技术监督检验项目
		无损检测	必要时（外观检查出现异常或有怀疑的部位时）	Q/GDW 11299—2014《水电站金属技术监督导则》中表 7 金属结构部件运维检修阶段技术监督检验项目
4	进水阀管路	外观检查	（1）标准周期：1 次 / 年。（2）非标周期：B 级检修	DL/T 1318—2014《水电厂金属技术监督规程》中附录 B 在役金属部件的检验项目中附表 B.1 在役金属部件检验项目表。Q/GDW 11299—2014《水电站金属技术监督导则》中表 9 金属结构部件运维检修阶段技术监督检验项目
		壁厚检查		Q/GDW 11299—2014《水电站金属技术监督导则》中表 9 金属结构部件运维检修阶段技术监督检验项目
		重要焊缝无损检测	3 次 / 年	国网新源控股有限公司运检〔2019〕21 号《国网新源公司运检部关于发布金属监督预告警的通知》附件：运行油、气、水管道焊缝无损检测整改指导意见
		管道耐压试验	运行 15 万 h 以上	Q/GDW 11299—2014《水电站金属技术监督导则》中表 9 金属结构部件运维检修阶段技术监督检验项目

序号	设备名称	监督项目	周期	监督要求
5	压力容器	年度检查	1次/年	Q/GDW 11299—2014《水电站金属技术监督导则》中表10承压设备运维检修阶段技术监督检验项目表
		安全阀校验	1次/年	Q/GDW 11299—2014《水电站金属技术监督导则》中表10承压设备运维检修阶段技术监督检验项目表
		全面检验	安全状况等级为1.2级的每6年一次；安全状况等级为3级的，每3～6年一次	Q/GDW 11299—2014《水电站金属技术监督导则》中表10承压设备运维检修阶段技术监督检验项目表
6	伸缩节	外观检查	（1）标准周期：1次/年。（2）非标周期：B级检修	《国家电网公司水电厂重大反事故措施》（国家电网基建〔2015〕60号）中9防主进水阀损坏事故相关内容
		无损检测		《国家电网公司水电厂重大反事故措施》（国家电网基建〔2015〕60号）中9防主进水阀损坏事故相关内容
		壁厚检测		《国家电网公司水电厂重大反事故措施》（国家电网基建〔2015〕60号）中9防主进水阀损坏事故相关内容
7	接力器、活门及枢轴	外观检查	（1）标准周期：1次/年。（2）非标周期：B级检修	《国家电网公司水电厂重大反事故措施》（国家电网基建〔2015〕60号）中9防主进水阀损坏事故相关内容
		无损检测		《国家电网公司水电厂重大反事故措施》（国家电网基建〔2015〕60号）中9防主进水阀损坏事故相关内容
8	延伸段、伸缩节与进水阀的连接螺栓、进水阀分瓣连接螺栓、主进水阀基础螺栓、接力器基础螺栓等其他螺栓及传动销钉	外观检查	（1）标准周期：1次/年。（2）非标周期：B级检修	《国家电网公司水电厂重大反事故措施》（国家电网基建〔2015〕60号）中9防主进水阀损坏事故相关内容
		无损检测	B级检修	《国家电网公司水电厂重大反事故措施》（国家电网基建〔2015〕60号）中9防主进水阀损坏事故相关内容

（三）化学监督

主进水阀化学监督项目及周期依据GB/T 7596《电厂运行中矿物涡轮机油质量》中3.2、GB/T 14541《电厂用矿物涡轮机油维护管理导则》中7.2.4等执行。检测内容包括主进水阀透平油样外观、色度、颗粒污染等级、水分抗乳化性（54℃）、液相锈蚀运动黏度（40℃）、酸值（以 KOH 计）、旋转氧弹值（150℃）及抗氧剂含量泡沫性等。

思 考 题

1. 简述主进水阀与尾水事故闸门之间的闭锁关系。
2. 简述主进水阀开启、关闭流程。
3. 主进水阀液压系统 A 级检修和 C 级检修周期各是多久？
4. 主进水阀系统 A 级检修项目有哪些？

参考文献

［1］李浩良，孙华平. 抽水蓄能电站运行与管理. 杭州：浙江大学出版社，2013.

［2］国网新源控股有限公司. 抽水蓄能机组及其辅助设备技术 水泵水轮机. 北京：中国电力出版社，2020.

［3］国家电网有限公司. 国家电网有限公司技能人员专业培训教材 水轮机检修. 北京：中国电力出版社，2020.

［4］东北电网有限公司. 水电厂岗位模块培训教材水轮机调速器检修. 北京：中国电力出版社，2012.

［5］国网新源控股有限公司. 抽水蓄能机组及其辅助技术 调速器. 北京：中国电力出版社，2019.

［6］国家电网公司专业技能岗位能力培训教材 水轮机调速器机械检修. 北京：中国电力出版社，2013.

［7］国网新源控股有限公司. 水电厂运维一体化技能培训教材（初级）. 北京：中国电力出版社，2015.

［8］国网新源控股有限公司. 水电厂运维一体化技能培训教材（中级）. 北京：中国电力出版社，2015.

［9］国网新源控股有限公司. 水电厂运维一体化技能培训教材（高级）. 北京：中国电力出版社，2015.